普通高等教育"十四五"规划教材

油料计量器具检定

主　编　刘君玉　伊　茜　谷科城
副主编　管　亮

U0255182

中国石化出版社
·北京·

内 容 提 要

　　本书主要介绍石油产品数量测量所应用的油料计量器具检定方法，计量器具包括温度计、密度计、黏度计、天平、砝码、秒表、油料测量用钢卷尺、流量计、加油机等；重点介绍计量器具最新检定规程，即检定这些器具必须执行的国家最新检定规程。

　　本书可作为高等院校油料计量专业的教材，亦可作为从事油品计量工作人员的参考书。

图书在版编目（CIP）数据

油料计量器具检定／刘君玉，伊茜，谷科城主编．
—北京：中国石化出版社，2023.4
ISBN 978-7-5114-7040-9

Ⅰ．①油⋯ Ⅱ．①刘⋯ ②伊⋯ ③谷⋯ Ⅲ．①工业用油-计量仪器-检定 Ⅳ．①TH71

中国国家版本馆 CIP 数据核字（2023）第 061372 号

中国石化出版社出版发行

地址:北京市东城区安定门外大街 58 号
邮编:100011　电话:(010)57512500
发行部电话:(010)57512575
http://www.sinopec-press.com
E-mail:press@sinopec.com
北京富泰印刷有限责任公司印刷
全国各地新华书店经销
*
710 毫米×1000 毫米 16 开本 10 印张 172 千字
2024 年 1 月第 1 版　2024 年 1 月第 1 次印刷
定价:46.00 元

《油料计量器具检定》
编审人员

主　　编：刘君玉　伊　茜　谷科城

副 主 编：管　亮

编写人员：王银银　鄢　豪　刘　娜　管金发

　　　　　王　建　林科宇　罗媛媛

目　　录

第一章 绪 论

第一节 计量学及有关术语

一、测量、计量与计量学

测量：通过实验获得一个或多个量值，由此对量合理赋值的过程。

计量：以实现单位统一和量值准确可靠为目的的活动。也就是说，计量是为保证单位统一和量值准确可靠这一特定目的的测量，具有重要的现实意义，是计量管理的主要领域。

计量是中国特有的概念，欧美国家通常不对计量和测量进行区分，只在量值传递与溯源时，才强调计量的概念。两者的主要区别在于：

（1）从发展过程看，先有测量，后形成计量方法。

（2）从实现目的看，测量是以确定量值的大小为目的；而计量则是以保证量值准确可靠为目的。计量必须通过建立基准与标准，通过控制测量不确定度，通过量值传递和量值溯源手段来实现。

计量学：关于测量及其应用的科学。计量学包括测量理论和实践的各个方面，而不论应用领域和测量不确定度的大小。在不引起误解的时候，计量学可简称为"计量"，此时"计量"是指测量的理论和实践，而不能仅仅是"一组操作"。

计量学具体研究内容包括：

（1）研究计量标准的建立、复现、维护、保存和使用。

（2）研究计量器具和计量方法。如计量器具的计量特性、检定规程的编制、技术更新等。

（3）研究量值传递与量值溯源的方法。

（4）研究测量理论和测量结果。如研究测量的完整表述，包括测量不确定度等。

（5）研究计量管理和法制计量。现行计量管理方法大致可归纳为：法制管理方法、行政管理方法和技术管理方法。长期以来，我国主要以行政管理方法为主，《中华人民共和国计量法》颁布之后，加大了法制管理力度。

（6）研究计量人员进行专业培养与考核的方法。培训是各计量管理部门的一个重要内容和环节。培训可以提高计量人员的工作质量、工作效率。考核是对计量人员进行工作成绩、工作能力、工作态度和工作质量的测试与考评。根据相关规定，从事计量检定、校准人员，必须经相关管理机构或其授权机构考核合格后，才能持证上岗。

计量学还研究标准物质特性、基本物理常数、常量的准确测定等内容。总之，研究与测量有关的一切理论、方法和实际应用问题。

二、计量学的分类

计量学从学科发展看，是物理学的一部分，随着科学技术的发展，研究内容不断扩充，专业范围也在不断拓宽，形成了一门研究测量理论与实践的综合性科学。由于计量学应用范围广泛，涉及的研究领域也很广泛，计量学的分类没有定论，目前有三种划分方法，一是按计量学专业划分，二是按计量学任务划分，三是按计量学的应用领域划分。

1. 按计量学专业划分

从学科的角度，结合国内计量学专业划分的习惯，参考国家标准关于量的划分，按被测量不同，将计量学专业划为十大类，即：

几何量计量（含长度、角度和工程量等）；

热学计量（含温度和湿度等）；

力学计量（含真空、扭矩、容量、压力、质量、力值、流量、硬度、转速等）；

电磁学计量（含电阻、电容、电感、静电和磁学等）；

无线电电子学计量（含无线电和微电子、电磁兼容等）；

时间频率计量（含频率、时间和相位噪声等）；

电离辐射计量（含活度、剂量、中子和核化学等）；

光学计量（含光度、色度、辐射度和光电子等）；

声学计量（含水声、空气声和超声等）；

化学计量（含黏度、酸度、粒度和标准物质、火炸药、防化等）。

2. 按计量学任务划分

按任务国际上趋于将计量学分为三类，即科学计量、工程计量和法制计量。

科学计量是指基础性、探索性、先行性的计量科学研究。通常用最新的科技成果来精确定义与实现计量单位，并为最新的科技发展提供可靠的计量基础。

工程计量，也称工业计量，是指各种工程、工业、企业中的实用计量。如：有关能源或材料的消耗、工艺流程的监控，以及产品、质量与性能的测试等。

法制计量是与法定计量机构工作有关的计量，涉及对计量单位、计量器具、测量方法及测量实验室的法定要求。法制计量由政府或授权机构根据法制、技术和行政的需要进行强制管理。

3. 按计量学的应用领域划分

按应用领域，计量可分为商业计量、海洋计量、天文计量、工业计量、医疗计量及能源计量等。在现代社会中，每个领域都有其特定的计量。

三、计量的特点

计量具有四个方面的特点：准确性、一致性、溯源性和法制性。

（1）准确性：指测量结果与被测量真值的接近程度。因此在给出测量结果的量值的同时，必须给出其测量不确定度(或误差范围)。所谓量值的准确是指在一定的不确定度、误差或允许误差范围内的准确。

量值的准确可靠，是计量的目的和归宿，一切计量科学技术研究的目的，最终是要达到所预期的某种准确度。随着科学技术的发展，社会需求的提高，要求的准确程度愈来愈高，特别是高科技领域，如国防科技工业，现代化武器装备的研制和生产，对计量的准确性要求不断提高。为了保证计量的准确性，首先要建立准确可靠的计量标准，通过检定或校准，把量值传递到所使用的每台测量设备。

（2）一致性：计量单位的统一和单位量值一致是计量一致性的两个方面，单位统一是量值一致的前提。量值一致是指量值在一定不确定度内的一致，是在统一计量单位的基础上无论何时、何地，采用何种方法，使用何种计量仪器，以及由何人测量，只要符合有关的要求，其测量结果就应在给定的区间内一致。也就是说，测量结果应是可重复、可复现(再现)和比较的。

计量的一致性或统一性是计量最本质的特性，古今中外，都是如此。随着全球化经济的发展，计量的统一性不局限于一个国家、一个地区，而是遍及国际。我国实行以国际单位制为基础的法定计量单位制，就是为了保证计量更好地体现和发挥一致性的作用。

（3）溯源性：溯源性是确保单位统一和量值准确可靠的重要途径，是通过一条具有不确定度的不间断的比较链，使测量结果或测量标准的值能与规定的参照对象相联系的过程。各行业、各部门、各地区、各单位都必须保证所使用的测量仪器设备的量值能通过计量标准溯源到国家标准，实现测量结果或计量标准的值具有可追溯性。

（4）法制性(社会性)：计量的法制性是计量的一致性和准确性的保证。为了实现全国范围内单位的统一和量值的准确，国家必须对统一使用的计量单位、复现单位量值的国家计量标准，以及进行量值传递的手段、方法等，作出法律规定，作为各行各业共同遵守的准则。计量的法制性一方面体现在计量依法监督管理，即计量的法制管理上，另一方面也体现在法定的计量机构出具的证书、报告上，给出的测量结果具有法律效力。计量作为一门科学，与法律、法规和行政管理紧密结合的程度，在其他学科中是少有的。

四、量值传递与量值溯源

量值传递：将国家测量标准所复现的单位量值，按照规定的准确度等级或测试不确定度要求，通过检定或校准逐级向下传递到各级测量标准、检测设备或装备。

量值溯源：通过一条具有不确定度的不间断的比较链，使测量结果或测量标准的值能与规定的参照对象相联系的过程。

溯源性要求建立检定（或校准）的等级关系，计量器具都有专门的溯源等级图。例如：量油尺是油库、加油站的常用计量器具，必须定期送往计量机构，用计量标准（如滚动光栅标准装置）进行检定，该过程就是量油尺的量值溯源。

量值溯源与量值传递没有本质的区别，量值传递从国际基准或国家计量基准开始，按检定系统表和检定规程，逐级检定，把量值自上而下传递至工作计量器具，而量值溯源是自下而上追溯计量标准直至国家计量基准和国际基准。

目前，量值传递与量值溯源的主要方式有：实物标准逐级传递；发放标准物质进行传递；发射标准信号进行传递；采用计量保证方案进行传递。其中，实物标准逐级传递是最传统的量值传递方式，也是油料计量领域应用较多的一种方式，主要通过周期检定或校准工作来实现。

五、计量器具与分类

在计量管理过程中，经常会接触到各种各样的计量器具。所谓计量器具就是单独或与一个或多个辅助设备组合，用于测量的装置，又可称为测量仪器或测量器具，如量油尺、温度计、加油机、流量计等。因计量器具用于测量，所以必须符合法定要求，定期溯源。另外，计量器具种类繁多，应用广泛，其分类方式如下：

1. 按结构特点，可分为实物量具、计量仪器（仪表）和计量装置

（1）实物量具是以固定形态复现或提供给定量值的器具，如砝码、量块、标准电阻和标准物质；

（2）计量仪器（仪表）是将被测量转换成可直接观测的指示值或等效信息的计量器具，如温度计、压力表、天平、流量计；

（3）计量装置是为确定被测量值所必需的计量器具和辅助设备的总体，如温度计校准装置。

2. 按计量学用途，可分为计量标准、计量基准和工作计量器具

（1）计量标准：实现给定量定义，具有确定的量值和测量不确定度，并用作

参照对象的装置。

计量标准又被称为测量标准或标准装置。如标准不确定度为 $3\mu g$ 的 $1kg$ 质量标准；标准不确定度为 $1\mu\Omega$ 的 100Ω 标准电阻。

计量标准（测量标准）可以由单台仪器构成，也可以由实物量具和测量仪器构成，还可以由标准器具或标准物质以及其他多台测量设备和配套设备组成的测量系统构成。

测量系统是指为执行一定的测量任务组合起来的全套测量器具和其他设备。

标准物质是指用于校准测量设备、评价测量方法、给材料赋值的物质或材料。如标准油、化学分析用的标准溶液等。

（2）计量基准：是在特定计量领域内复现和保存计量单位并具有最高计量特性的标准，是统一量值的最高依据。如千克原器是质量基准。

依据国家计量检定系统表，计量标准可以划分为若干等级，如标准玻璃液体温度计分为一等标准和二等标准。

（3）工作计量器具：用于开展日常检测工作的计量器具，与仅用于量值传递的标准计量器具相区别。

六、检定与校准

1. 检定与校准

检定：由军队技术机构确定并证实被测对象是否满足规定要求而做的全部工作。其中，检测对象可以是测量系统、测量标准、检测设备或装备；检定结果必须给出被测对象合格或不合格的结论。

计量器具的检定必须执行国家或军队的计量检定规程，国家计量检定规程代号为 JJG ×××-×××。当计量器具的检定结果与标准值之间的差值小于检定规程的最大允许误差时判为合格，否则为不合格。经计量检定合格的计量器具，应发放《检定证书》，并在规定的有效期内使用；不合格的计量器具应下发《检定结果通知书》，并令其停止使用。有些不合格的计量器具（如流量计）可以调校，但必须重新检定，确认合格后方可使用，且须在规定的有效期内使用。

校准：在规定条件下，为确定测量仪器或测量系统所指示的量值与对应的测量标准所复现的量值之间关系所进行的一组操作。

检定与校准，都是指按照规程或相关技术文件，将检测对象与对应的测量标准进行量值比较的过程，其主要区别在于给出结果的方式不同：校准给出的是校准值，或修正值以及所具有的不确定度，也可以是校准曲线或修正曲线，还需要给出校准证书；而计量检定给出的是修正值，以及合格或不合格的结论。

2. 检定的分类

按照检定的必要性和管理要求，计量器具检定可分为强制和非强制两种。强制检定是指由法定计量技术机构，按照《计量强制检定、校准目录》规定的参数（或项目）以及周期进行的检定工作。

非强制检定可由计量器具使用单位自己或委托具有公用计量标准或授权的计量检定机构，依法进行的一种检定。

按照检定的目的和性质，可分为首次检定、后续检定、仲裁检定和周期检定。

首次检定是对从未检定过的计量器具所进行的检定。

后续检定是计量器具首次检定后的任何一次检定。

仲裁检定是指对有争议的测试结果或数据进行裁决或评定所做的检定工作。

周期检定是依据规定的时间间隔和程序对计量器具进行的后续检定。

这种两次检定之间所规定的时间间隔又称为"检定周期"。计量检定规程已明确了计量器具的检定周期，但也可结合计量特点，如计量器具使用的频繁程度、环境条件等适当调整。

其中，列入《油料计量器具强制检定校准目录》的计量器具应当定期检定或校准（表1-1-1）。

表1-1-1　油料计量器具强制检定校准目录

序号	器具名称	序号	器具名称
1	容积式流量计	10	石油密度计
2	速度式流量计	11	铂电阻温度计
3	质量流量计	12	立式金属油罐（计量交接用）
4	计量加油机	13	卧式金属油罐（计量交接用）
5	量油尺	14	石油产品用玻璃液体温度计
6	套管尺	15	机械秒表
7	机械分析天平	16	数字式石英秒表
8	砝码	17	工作毛细管黏度计
9	电子分析天平	18	常用玻璃量器

七、油料计量

油料计量是指油料部门对用于油料数量测量、质量检验、科学研究的油料装备和检测设备进行的计量检定、校准，以及对油料数量的测量计算及监督管理工作。

油料计量工作内容有下列两部分：（1）计量器具的检定与调修。为保证计量器具的准确性、可靠性而进行的技术保障工作。主要是建立相应的计量标准，通过有关计量部门的认可，对部队油料系统的计量器具，如量油尺、密度计、立式油罐、卧式油罐、加油机、流量计等进行计量检定，以及对部分器具的调修，以保证测试数据的准确性。（2）油料数量统计。为检测油料数量，由油料计量员进行的计量测试工作。有静态计量和动态计量两种测试方式，以及油料数量的计算统计等。

第二节　计量法规体系

计量法规体系包括计量管理法规体系和计量技术法规体系两大部分。

一、计量管理法规体系

（1）计量法律：《中华人民共和国计量法》（以下简称计量法）。

计量法是国家管理计量工作的基本法。由于它只对计量工作中的一些重大原则问题做了规定，因此，实施计量法必须制定具体的计量法规和规章，以便将计量法和各项原则规定具体化。

（2）计量法规：包括国务院批准实施的《国务院关于在我国统一实行法定计量单位的命令》《全面推行我国法定计量单位的意见》《中华人民共和国计量法实施细则》《中华人民共和国强制检定工作计量器具检定管理办法》等。各省、自治区、直辖市人大为实施计量法制定或批准施行的各种条例、规定或办法；民族自治地方的自治州、自治县制定实施计量法的条例也在此列。

（3）计量规章：亦称行政规章，包括国务院计量行政部门制定的各种全国性的单项管理办法、地方人民政府及其所属计量行政部门制定的地方性计量管理办法、规定等。

在上述计量管理法规体系中，计量法规和规章都从属于计量法，是计量法的"子法"。计量法实施细则是在全国范围内施行的计量法规，地方计量法规不能与其抵触。所有法规和规章都不能与国家法律相抵触。

计量法规体系的健全是计量法治建设的前提和基础。各级政府计量行政部门应根据计量法规定的原则，从本地实际情况出发，制定相应的计量法规或规章，不断完善计量管理法规体系（表1-2-1）。

表 1-2-1　我国计量法规体系结构

层次	名称		立法机关	例
第一	计量法律		全国人民代表大会及其常务委员会	《中华人民共和国计量法》
第二	计量法规	计量行政法规	国务院、中央军委	《中华人民共和国计量法实施细则》《军队计量条例、军队军需能源条例》
		地方计量法规	地方省级、较大市人民代表大会及其常务委员会；自治州、自治县人民代表大会	《北京市商用计量器具管理办法》

层次	名称		立法机关	例
第三	计量规章	国务院各部门计量规章	国务院计量行政部门、国务院各部门	《计量器具新产品管理办法》
		地方人民政府规章	省级、较大市的人民政府	《北京市实施〈中华人民共和国强制检定工作计量器具检定管理办法〉的若干规定》

二、计量技术法规体系

计量技术法规包括计量检定系统表、计量检定规程、计量技术规范三部分。

1. 计量检定系统表

计量检定系统表亦称计量检定系统，是国家法定技术文件。它用图表结合文字的形式，规定了国家基准、各级标准直至工作计量器具的检定程序。其内容包括：对基准、标准、工作计量器具的名称、测量范围、准确度和检定方法等的规定。一般是建立一种基准器，就有一个相应的计量检定系统。计量检定系统的作用在于保证测量结果的溯源性。

2. 计量检定规程

计量检定规程是指为评定计量器具的计量性能，作为检定依据的具有法定性质的技术文件。它对测量器具的计量性能、检定条件、检定方法、推荐的检定周期以及检定结果的处理作出了技术规定，其目的在于保证量值传递方法的正确性，检定或校准的测量器具量值的准确性和统一性。

计量检定规程分为国家、地方和部门三类。国家计量检定规程由国务院计量行政部门制定，在全国范围内施行；尚未发布国家计量检定规程的，省级人民政府计量行政部门可制定地方计量检定规程，在本行政区域内施行；国务院有关主管部门可制定部门计量检定规程，在本部门内施行。部门和地方计量检定规程须向国务院计量行政部门备案。当正式发布国家计量检定规程后，相应的地方和部门计量检定规程即应废止；因特殊原因需继续施行的其各项技术规定不得低于国家计量检定规程，不得与国家计量检定规程相抵触。

我国计量检定规程的统一代号为JJG(汉语拼音缩写)。地方或行业部门计量检定规程的统一代号为JJG后面加一个带括号的地方或行业中文简称。

国家计量检定规程的编号规则如下所示。

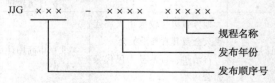

地方或行业部门计量检定规程的编号规则如下所示。

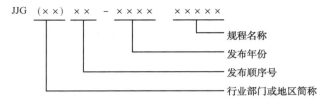

3. 计量技术规范

计量技术规范也属于技术法规的一个重要组成部分。它是指依照计量法进行有关鉴定、检验、测试时，在样机资料、计量性能、检查方法、技术条件、结果处理等方面必须遵守的规范性文件。

三、《中华人民共和国计量法》

《中华人民共和国计量法》于 1985 年 9 月 6 日由第六届全国人民代表大会常务委员会第十二次会议通过，由中华人民共和国第 28 号主席令正式公布，自 1986 年 7 月 1 日起施行。

计量法包括总则(4 条)，计量基准器具、计量标准器具和计量检定(7 条)，计量器具管理(6 条)，计量监督(5 条)，法律责任(9 条)，附则(3 条)，共 6 章 35 条，其主要内容如下：

（1）计量法立法的宗旨是加强计量监督管理，保障国家计量单位制的统一和量值的准确可靠，有利于生产、贸易和科学技术的发展，适应社会主义现代化建设的需要，维护国家、人民的利益。

（2）计量法规定我国的计量单位制采用国际单位制。国际单位制计量单位和国家选定的其他计量单位为国家法定计量单位。

（3）计量基准(国际上称为国家标准)是统一全国量值的最高依据。计量基准由国家技术监督局负责批准和颁发证书。目前，大部分计量基准建在中国科学研究院，有 13 项建在其他有关部门和计量技术机构。

（4）国务院有关主管部门根据本部门的特殊需要，可以建立本部门使用的计量标准，其各项最高计量标准经同级政府计量行政部门主持考核合格后使用。企业、事业单位根据需要，可以建立本单位使用的计量标准，其最高计量标准经有关的政府计量行政部门主持考核合格后使用。

（5）实行强制检定的计量器具范围有：

① 社会公用计量标准；

② 部门和企业、事业单位使用的最高计量标准；

③ 用于贸易结算、安全防护、医疗卫生、环境监测方面的列入计量器具强制检定目录的工作计量器具。

社会公用计量标准是在社会上实施计量监督具有公证作用的计量标准。当因量值不一致而发生纠纷时，可以由它进行仲裁，其数据具有权威性和法律效力。

强制检定是指计量标准或工作计量器具必须定期定点地送往法定的或授权的计量技术机构检定。非强制检定的计量器具可由使用单位自行定期检定。计量检定工作应当按照经济合理的原则，就地就近进行。计量法第二十条执行检定和测试任务的人员必须经考核合格。

（6）国家计量检定系统表和国家计量检定规程是全国性的计量技术法规。计量检定必须按照国家计量检定系统表进行，计量检定必须执行计量检定规程。没有国家计量检定规程的可执行部门和地方计量检定规程。

（7）制造、修理计量器具的企事业单位须取得《制造计量器具许可证》或《修理计量器具许可证》，否则工商行政管理部门不予办理营业执照。进口的计量器具，必须经检定合格后方可销售。

（8）违反计量法应承担的法律责任：

① 有如下行为的没收违法所得，可以并处罚款：

未取得《制造计量器具许可证》或《修理计量器具许可证》而擅自制造或者修理计量器具的，责令其停止生产、停止营业。

制造、销售未经考核合格的计量器具新产品的，责令其停止制造、销售该种新产品。

制造、修理、销售不合格计量器具。

属于强制检定范围的计量器具，未按照规定申请检定或者检定不合格继续使用的，责令其停止使用。

制造、销售、使用以欺骗消费者为目的的计量器具的，没收其计量器具。

② 计量监督人员违法失职，情节严重的，要依照《中华人民共和国刑法》有关规定追究刑事责任；情节轻微的，给予行政处分。

（9）计量法第三十二条规定中国人民解放军和国防科技工业系统计量工作的监督管理办法，由国务院、中央军事委员会依据计量法另行制定。

第三节 计量数据处理

计量数据处理是计量工作的一个重要环节，只有科学的数据处理，才能得到合理的测量结果。计量数据处理既不应提高测量准确度，也不应降低测量准确度，而应当真实可靠地反映测量准确度。在计量数据处理中常采用的方法有：最小二乘法、曲线拟合与多元回归分析法等。在此，只简要叙述测量数据处理的基本要求。

测量准确度、重复性、复现性与测量不确定度，根据 JJF 1001《通用计量术语及定义》，上述各名词定义如下：

一、测量准确度

测量结果与被测量真值之间的一致程度。准确度是一个定性的概念，所谓定性意味着可以用准确度高低、准确度为 0.25 级、准确度为 3 等及准确度符合×× 标准等说法定性地表示测量质量。尽量不要使用准确度为 0.25%、16mg、≤16mg 及±16mg 等方式表示。

特别应注意，"精度"的概念目前已废除，被准确度所代替。另外，不要用术语"精密度"（Precision）来表示"准确度"。因为精密度反映在规定条件下各独立测量结果间的分散性。多次测量同一量所得的分散性可能很小，但并不表明测得值与真值一致。

二、重复性

在相同测量条件下，对同一被测量进行连续多次测量所得结果之间的一致性，被称为测量结果的重复性。这里的相同测量条件是指：相同的测量程序、相同的观测者、使用相同的测量仪器、相同地点、在短时间内进行重复测量。这些条件也称为"重复性条件"。

测量重复性可以用测量结果的分散性来定量表示。由重复性引入的不确定度是诸多不确定度来源之一。重复性由在重复性条件下，重复观测结果的实验标准差（称为重复性标准差）定量地给出。重复观测中的变动性是由所有影响结果的影响量不能完全保持恒定而引起的。

三、复现性

在改变了的测量条件下，同一被测量的测量结果之间的一致性，被称为测量结果的复现性。这里变化了的测量条件包括：测量原理、测量方法、观测者、测量仪器、参考测量标准、地点、时间、使用条件。这些条件可以改变其中一项、多项或全部，它们会影响复现性的数值。因此，在复现性的有效表述中，应说明变化的条件。复现性可以用测量结果的分散性来定量地表示。它由在复现性条件下，重复观测结果的实验标准差（称为复现性标准差）定量地给出。这里，测量结果通常理解为已修正结果。复现性又称为"再现性"。

四、测量不确定度

测量不确定度，简称不确定度，即根据所用到的信息，表征赋予被测量的量值分散性的非负参数。

测量的目的是确定被测量的值或获取测量结果。测量不确定度就是对测量结果质量的定量表征，测量结果的可用性很大程度上取决于其不确定度的大小。所以，测量结果必须附有不确定度说明才是完整并有意义的。

不确定度按评定方式可分为 A 类不确定度和 B 类不确定度。还可划分为合成标准不确定度和扩展不确定度。

1. A 类不确定度

标准不确定度的 A 类评定是指用统计分析一系列观测数据来评定的方法，并用平均值的实验标准差来表征。

由贝塞尔公式计算出的标准偏差表征的不确定度：

$$s = \sqrt{\frac{1}{n-1}\sum_{i=1}^{n}(x_i - \bar{x})^2}$$

式中　s——实验标准偏差；

　　x_i——第 i 次测量结果；

　　$\bar{x}$——n 次测量结果的平均值。

例 1-3-1　对某零件的长度进行 9 次重复测量，结果分别如下：11.5cm、11.7cm、11.4cm、11.5cm、11.3cm、11.6cm、11.5cm、11.6cm、11.4cm，求测量结果及 A 类不确定度。

解：

$$\bar{x} = \frac{1}{n}\sum_{i=1}^{n}x_i = 1/9(11.5+11.7+11.4+11.5+\cdots+11.4) = 11.5\text{cm}$$

$$s = \sqrt{\frac{1}{n-1}\sum_{i=1}^{n}(x_i - \bar{x})^2} = 0.1225\text{cm}（单次测量的不确定度）$$

$$s_{\bar{x}} = \frac{s_{x_i}}{\sqrt{n}} = 0.1225/3 = 0.0408\text{cm}（平均值的不确定度）$$

2. B 类不确定度

标准不确定度的 B 类评定（用 u_B 表示）是指用不同于统计分析的其他方法来评定，用其他借用和估计的标准差来表征（图 1-3-1）。

图 1-3-1　标准不确定度的 B 类评定

（1）B 类评定的信息来源。

为了获取评定测量不确定度的信息，按照国际标准的明确规定，除了采用自行测量的数据外，还可合理使用一切非自行统计的其他有用信息源，如：

A. 以前的测量数据；

B. 证书、检定证书、测试报告及其他证书文件；

C. 生产厂的说明书；

D. 引用的手册等；

E. 测量经验、有关仪器的特性和其他材料的知识。

（2）B 类评定的方法。

属于 B 类评定的方法，有以下三种情形。

A. 根据可利用的信息，分析判断被测量的可能值不会超出的区间$(-e，e)$及其概率分布，由要求的置信水平估计包含因子 k，得标准不确定度为 $u(x) = e/k$。

例 1-3-2 设校准证书给出名义值 10Ω 的标准电阻器的电阻 $R = 10.00072\Omega \pm 13\mu\Omega$，置信水平 99%。按正态分布估计 $u(R_s) = 13\mu\Omega/2.58 = 5.1\mu\Omega$。

例 1-3-3 机械师测零件尺寸 $L = (10.11 \pm 0.04)$mm，经验估计置信水平 50%。按正态分布估计 $u(L) = 0.04$mm$/0.67 = 0.06$mm。

例 1-3-4 生产制造厂说明书指出，某数字电压表的准确度 $= (14 \times 10-6 \times$读数$) + (2 \times 10-6 \times$量程$)$，其中读数值 0.928571V，量程 1V。按均匀分布 $k = 31/2$，估计 $u(V) = (14 \times 10-6 \times 0.928571 + 2 \times 10-6 \times 1)V/(31/2) = 9.6\mu V$。

表 1-3-1 正态分布情况下置信概率 p 与包含因子 k 的关系

$p/\%$	50	68.27	90	95	95.45	99	99.73
k_p	0.67	1	1.645	1.960	2	2.576	3

B. 如根据有用信息，得知该 X 的不确定度分量是以标准差的几倍表示，则标准不确定度 $u(x)$ 可简单取为该值与倍数之商。

例 1-3-5 校准证书指出 1000g 不锈钢标准砝码的 $m_s = 1000.00325$g，该值不确定度按三倍标准差为 $240\mu g$，故估计标准不确定度 $u(m_s) = 80\mu g$。

C. 直接凭经验给出标准不确定度 $u(x)$ 的估计值。

例 1-3-6 机械师测零件尺寸 $L = 10.11$mm，经验估计其标准差为 0.06mm，故估计其标准不确定度 $u(L) = 0.06$mm。

3. 合成标准不确定度（以 u_C 表示）

当测量结果是由若干个其他量的值求得时，按其他各量的方差或协方差算得的标准不确定度，称为合成标准不确定度，以 u_C 表示。

假设 u_A 为 A 类不确定度，可通过测试数据计算得到；假设 u_B 为 B 类不确定度。

u_A 与 u_B 相互独立，合成不确定度的计算方法为：

$$u_C = \sqrt{u_A^2 + u_B^2}$$

4. 扩展不确定度（以 U 表示）

扩展不确定度是确定测量结果区间的量，合理赋予被测量之值分布的大部分可能含于此区间,以 U 表示。

扩展不确定度规定了测量结果取值区间的半宽度,该区间包含了合理赋予被测量值的分布的大部分。

$$U = ku_c$$

式中　k——包含因子,其值可以通过自由度 V 与置信概率 p 决定。

k 与自由度 V 的关系:V 大,测量次数多,k 小;V 小,测量次数少,k 大。

k 与置信概率 p 有关。p 为测量值落在 $[\bar{x}-U, \bar{x}+U]$ 范围的概率;显著水平 $\alpha = 1-p$,表示测量值未落在 $[\bar{x}-U, \bar{x}+U]$ 范围的概率。

p 大,k 小;p 小,k 大。k 常取 2,即 $k=2$。

五、测量结果的数字处理

用数字形式表示测量结果时,应正确处理"有效数字",才可得到合理的测量结果。

1. 有效数字的概念

在计量过程中,对测量结果的数字进行处理时,应该确定用几位数字来表示测量和计算的结果。

所谓有效数字,就是从第一个不是零的数字起至最末一位数的所有数字。

如 1/3 的小数值为 $0.\dot{3}$,若取 0.33,则其末位数的半个单位值为 0.005,而误差绝对值为 $|0.333-0.33| = 0.003 < 0.005$,故 0.33 的有效数字为二位。

对测量数据的表达,要求其最小位应与所保留的位数对齐并截断。必须注意,不能简单认为取位数越多越精确。总之,有效数字(包括 0)的保留位数,应与误差相适应。如成品油计量中散装成品油重量计算时的数据处理,一般规定:

(1)若油重单位为吨(t)时,则有效数字应保留至小数点后第三位;若油重单位为千克(kg)时,则有效数字仅为整数。

(2)若油品体积单位为立方米(m^3)时,则有效数字应保留至小数点后第三位;若体积单位为升(L)时,则有效数字仅为整数;但燃油加油机计量体积单位为升时,有效数字应保留至小数点后第二位。

(3)若油温单位为摄氏度(℃)时,则有效数字应保留至小数点后一位,即精确至 0.1。

(4)若油品密度单位为 g/cm^3 时,则有效数字应保留至小数点后第四位;若油品密度单位为 kg/m^3,则有效数字应保留至小数点后一位,且 $kg/m^3 = 10^{-3} g/cm^3$。

注意,在计量器具检定时,应按国家计量检定规程要求进行数字处理。

2. 数字修约规则

数字的修约执行 GB 8107 国家标准。数字的有效位数确定后,便应对多余的部分进行取舍。以前人们经常采用"四舍五入"规则。采用这个规则,对被"截"

部分大于或小于 5 的情况而言是合理的，但若被"截"部分恰好等于 5 时皆进 1，就不再合理了。因为这样做就使进 1 的机会大于舍去的机会，取舍的概率便不相同。为了克服这种弊端，在数据的截取时采用"数字修约规则"。

数字修约规则为：五下舍去五上入，单进双弃系整五。即当舍去部分的数值大于 5 时，则末位进 1；当舍去部分的数值小于 5 时，就舍去；当舍去部分恰好等于 5 时，若末位是奇数，就进 1 而成偶数，末位是偶数时，仍保持原末位数字，末位总是变成或保持偶数。

这一规则的优越性在于，要舍去部分恰好等于 5 时，各有一半机会取舍，而不致造成偏大误差的趋势，因而在理论上更为合理。

经过修约的数字，称为有效安全数字。其目的在于今后应用数据表达测量结果时，已有足够的位数保证误差不迅速累积，并且使数字表达不会过长。但必须注意的是，在数字修约时，只能一次修约，而不能逐次修约。如将数据 314.6274865 保留至小数点后三位，应为 314.627。若逐次修约势必会变成 314.6274865→314.627486→314.62749→314.6275→314.628，这样对数字的修约显然是错误的。

例 1-3-7 试按上述修约规则，对下面左边的数进行修约取舍。

原数	截取后	说明
50.3627m³	50.363m³	五上入
5312.5L	5312L	整五双弃
14.75℃	14.8℃	整五单进
0.823614g/cm³	0.8236g/cm³	五下舍
1860.504kg	1861kg	五上入
42.324500t	42.324t	整五双弃

第二章 长度计量

第一节 线纹尺检定原理及环境条件

钢卷尺、量油尺、套管尺和丁字尺是石油计量的常用器具,其量值的准确与否直接影响油料数量统计,因此建立长度量值传递系统,定期开展钢卷尺、量油尺、套管尺和丁字尺的检定工作是十分必要的。

一、线纹尺检定的基本原理

线纹尺的检定方法可分为绝对法和相对法两种。绝对法就是用光波波长直接对线纹尺任意两条刻线的间距进行测量。由于以激光波长为标准,因而测量准确度高;在最佳条件下,1米尺子检定准确度可达±0.2μm。相对法是以一只准确度较高的线纹尺作标准,在光电比长仪或机械比较仪上,对被检定的同类线纹尺进行比较,以求出刻线间隔误差。目前,油料系统采用的线纹尺检定装置有四种:双频激光干涉测量系统、滚动光栅标准装置、三等线纹尺标准装置及标准钢卷尺。其中前两种属于绝对法,后两种为相对法。

激光干涉测量系统是由主机、光电显微镜、干涉仪、数据处理装置、温度测量装置、折射率测量装置、激光光源等七部分组成。它的工作原理是激光干涉,一般都有参考光束与测量光束,其中测量光束的反射镜可沿着直线导轨移动,而当反射镜移动时,干涉条纹就不断地产生明—暗—明的交替变化,这样,交替变化一次相当于反射镜位移一个 $\lambda/2$,所以,其位移的距离,即被测长度,与干涉条纹明、暗交替变化的次数之间有一个确定的关系,即:$L = \dfrac{\lambda}{2} \cdot K$,式中 L 为被测长度,λ 为激光波长,K 为干涉条纹明、暗变化的次数,因此,只要应用光电器件能接收干涉条纹的讯号,并能记录其变化的次数 K,则 L 即可求出。

滚动光栅标准装置是由导轨、托盘、滚动光栅系统、读数显微镜及钢卷尺安装夹紧附件组成,如图2-1-1(a)所示。其中5.5m导轨由5根1.1m的U形导轨组成,并有6根底座支承固定。导轨上面的托盘是用来安装读数显微镜和滚动光栅测量头的。滚动光栅以圆光栅作为标准,圆光栅刻有2500条刻线,由精密轴承与摩擦轮同轴连接在一起,摩擦轮在导轨表面滚动的长度即由圆光栅的角位移转换而成。其表达式为:$L = \dfrac{D}{2} \cdot \theta$,式中,$\theta$ 为圆光栅的角位移,D 为摩擦轮的直径；L 为摩擦轮在导轨表面滚动的长度。

滚动光栅标准装置的工作原理是利用光栅产生绝对长度来进行测量的，在一定测量长度范围内，光栅滚动的长度和被检尺标称长度之间存在一定偏差，该偏差即为测量长度范围内的误差，并以此来判断被检尺的等级与合格与否。滚动光栅标准装置如图 2-1-1（b）所示。

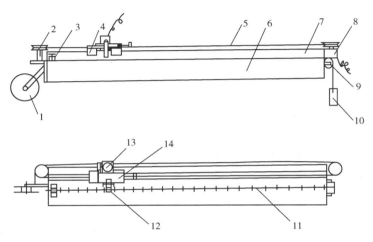

1—卷尺；2—槽轮；3—尺夹；4—滑台；5—钢丝；6—大理石底座；7—直线滚珠导轨；8—直流电机；
9—滑轮；10—砝码；11—被拉尺；12—显微镜；13—滚动光栅及加力机构；14—微调工作台

图 2-1-1　滚动光栅标准装置

三等标准金属线纹尺：刻线面的分度值一面为 0.2mm，另一面为 1mm，背部凸缘中间有一个刻度范围为−30~50℃、分度值为 0.5℃的水银温度计，并且背部凸缘的导轨上有两个七倍放大镜，其作用是放大三等标准金属线纹尺上的线纹与被检尺上的线纹之间的距离，以提高估读的准确度，三等标准金属线纹尺应均匀、清晰、垂直于尺边，不得有断线现象（图 2-1-2）。

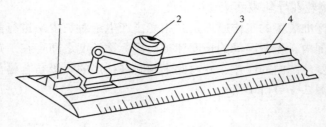

图 2-1-2　三等标准金属线纹尺

1—导轨；2—放大镜；3—温度计；4—尺体

标准钢卷尺：标准钢卷尺采用优质碳素钢、不锈钢、钢瓦等材料制造，标称长度为 5m、10m、20m、30m、50m 五种规格，根据需要也可做成其他规格。主要用于检定Ⅰ级、Ⅱ级钢卷尺或做其他高准确度测量。

二、线纹尺检定的环境条件

线纹尺检定对环境条件要求非常高，否则会产生较大的误差。具体影响因素如下：

（1）温度。物体有热胀冷缩的自然特性，测量长度时必须指出温度，并规定 20℃ 为标准温度。温度对长度测量结果的影响可用下式计算：

$$\Delta L = L \times \alpha \times (t - 20) = L \times \alpha \times \Delta t$$

式中　ΔL——任何对标准温度所引起的尺寸变化量；

　　　L——工件长度；

　　　α——工件的线膨胀系数，单位为：$10^{-6}/℃$；

　　　Δt——对标准温度的偏差。

常用材料线膨胀系数 α 值为：$\alpha_{铝} = 24 \times 10^{-6}/℃$；$\alpha_{铜} = 18.5 \times 10^{-6}/℃$；$\alpha_{钢} = 11.5 \times 10^{-6}/℃$；$\alpha_{玻璃} = (6 \sim 9) \times 10^{-6}/℃$；$\alpha_{铸铁} = 10.4 \times 10^{-6}/℃$；$\alpha_{石英} = 0.5 \times 10^{-6}/℃$。

检定时要求环境温度恒定。由测量环境温度与标准温度的偏差而引起的测量误差，称为温度误差。要消除温度误差的影响，应采用定温方法，即将被测器具与标准量具置于同一温度条件下，经过一定的时间，使二者温度与环境温度相同，再进行测量；环境温度应恒定，只允许缓慢变化，不许突变。例如较高的要求为 0.2℃/h。

一般情况下，对工作计量器具检定的环境温度的恒定要求要低一些，如检定Ⅰ级钢卷尺、套管尺的室温为 $(20 \pm 5)℃$，检定Ⅱ级钢卷尺的室温应为 $(20 \pm 8)℃$。

（2）湿度。湿度大，容易使仪器工作部件生锈，一般应控制在 $50\% \sim 60\%$。

（3）振动。计量室应有相应的防振措施，否则对仪器准确度、寿命都有影响。

（4）灰尘。计量室应有相应的防尘措施，否则对光学仪器成像的清晰度也会有影响。

（5）腐蚀性气体。腐蚀性气体的存在，将使仪器的准确度迅速降低。

第二节　线纹尺检定方法

一、钢卷尺（测深钢卷尺）检定方法

钢卷尺（测深钢卷尺）依据中华人民共和国计量检定规程 JJG 4《钢卷尺检定规程》进行检定。

1. 检定设备

钢卷尺（测深钢卷尺）的主要检测设备为滚动光栅标准装置（或激光干涉仪）及配套设备（参见表 2-2-1）。

2. 检定方法

① 检定条件。

温度：检定 I 级钢卷尺、套管尺的室温为（20±5）℃；检定 II 级钢卷尺的室温应为（20±8）℃；

张紧力：摇卷式钢卷尺检定台长度小于 20m，检定时的张紧力为（49±0.5）N，检定台长度≥20m 时张紧力为（98±0.5）N；测深钢卷尺检定的张紧力取决于尺砣质量，轻油砣为（9.8±0.3）N，重油砣为（15.7±0.3）N。

② 检定项目。使用中的钢卷尺主要进行外观检查和示值误差检定，线纹宽度一般为目力观察，发现有疑问时，可用分度值为 0.01mm 的读数显微镜进行测量。参见表 2-2-1。

表 2-2-1　钢卷尺的检定项目和检定工具

序号	检定项目	主要检定设备	检定类别		
			首次检定	后续检定	使用中检查
1	外观及各部分相互作用	检定台摩擦力≤4N，10kg、5kg、1.6kg、1kg 砝码	+	+	+
2	线纹宽度	分度值为 10μm 读数显微镜	+	-	-
3	零值误差	标准钢卷尺±0.03mm+3×10⁻⁵L，卷尺检定台摩擦力≤4N，测深钢卷尺零值检定器±0.15mm	+	+	-
4	示值误差	分度值为 10μm 读数显微镜，10kg、5kg、1.6kg、1kg 砝码	+	+	-

注：表中"+"表示应检定，"-"表示可不检定。

③ 零值误差的检定。测深钢卷尺应进行零值误差的检定。所谓零值误差是

指尺砣端点到 500mm 刻线间的尺寸偏差，最大允许误差为 ±0.5mm。实践证明，使用中的测深钢卷尺往往零位偏差超过允许值，而且一般尺寸偏大。零位偏大的原因是，长时间在重砣作用下使用，尺砣与尺带(或挂钩)连接处磨损严重。

零值误差检定时，先将被检尺砣置于零位检定器的 V 形支架上，使其前端与零位挡板紧靠，使尺带沿尺砣轴线方向平铺于检定器台面上，加上砝码。此时，在检定器台面上标有 500mm 线纹处读出其零值误差值。

④ 任意段钢卷尺示值误差的检定。将钢卷尺的尺带平铺在摩擦力很小(一般不超过 4N)的水平台面上，和标准钢卷尺进行比较(标准钢卷尺的示值误差应小于被检钢卷尺示值误差的 1/5)，或者用双频激光、滚动光栅直接测量。首先用压紧装置将两尺紧固在检定台上，另一端各加 5kg 的砝码，调整两尺零值线纹对齐，逐段读取每米及全长的误差值。全长不足 3m 的钢卷尺，受检段评定应不少于 3 段。当发现有疑问时，应用分度值为 0.01mm 的读数显微镜及标准钢卷尺进行测量。

⑤ 技术指标。普通钢卷尺的首次检定的示值误差，即任意两线纹间的最大允许误差，用 Δ 表示。对于 I 级、II 级普通钢卷尺按以下公式求出：

I 级：$\Delta = \pm 0.1\text{mm} + 10^{-4}L$

II 级：$\Delta = \pm 0.3\text{mm} + 2 \times 10^{-4}L$

Δ——示值最大允许误差，mm；

L——四舍五入后的整数米(被测长度小于 1m 时是 1)。

首次检定、后续检定的测深钢卷尺尺带标称长度和任一长度的示值误差不应超过表 2-2-2 要求。

表 2-2-2　钢卷尺示值误差

标称长度/m	最大允许误差/mm	
	首次检定	后续检定
0<L≤30	±1.50	±2.0
30<L≤60	±2.25	±3.0
60<L≤90	±3.00	±4.0

⑥ 结果计算。

零位修正值的计算方法为：

$$\Delta L_{零} = L_{标} - L_{被}$$

式中　$\Delta L_{零}$——零位修正值；

　　　$L_{标}$——标准器读数；

　　　$L_{被}$——被检尺示值。

任意段钢卷尺示值误差的计算方法为(测量结果修约到 0.1mm)：

$$\Delta L = L - (L_{s20} + \delta L)$$

式中　　ΔL——被检尺受检点的示值误差，mm；

　　　　L——被检尺受检点的标称长度，mm；

　　　　L_{s20}——标准尺 20℃时的实际长度，mm；

　　　　δL——标准尺上读得的被检尺受检点的偏差值，mm。

检定台的长度应不小于 5m，当被检尺全长大于检定台的长度时，可用分段法进行检定，全长偏差为各段偏差的代数和。

任意两个非连续刻度之间的示值误差是在逐米进行检定的同时在全长范围内任选 2~3 段进行评定，全长偏差为各段偏差的代数和，其示值误差不得超过相应段允许误差要求。

测深钢卷尺的全长示值误差是其零值误差与 500mm 以后的尺带示值误差的代数和。

例 2-2-1　采用滚动光栅标准装置检定 105 号测深钢卷尺零值误差，测得结果为 500.2mm，求该尺零位修正值是多少？

解：　　　　　　$\Delta L_{零} = L_{标} - L_{被} = 500.2 - 500 = 0.20mm$

答：105 号测深钢卷尺零位修正值为+0.20mm，未超差。

3. 检定注意事项

检定前测深钢卷尺应在规定温度下放置一段时间。

测深钢卷尺应施加规定的张紧力，轻油砣为（9.8±0.3）N，重油砣为（15.7±0.3）N。

测深钢卷尺平铺于检定台上，并与标准钢卷尺平行。

读数应准确。

4. 检定结果的处理

经检定符合本规程要求的普通钢卷尺和测深钢卷尺发给《检定证书》；不符合要求的发给《检定结果通知书》，并注明不合格项目。

5. 检定周期

使用中的钢卷尺的检定周期，一般为半年，最长不超过 1 年。

二、套管尺的检定方法

套管尺应依据中华人民共和国计量检定规程 JJG 473《套管尺》进行检定。

使用中的套管尺应检定：外观及各部分相互作用、测头曲率半径、刻度管对套管的径向摆动（测量工具为百分表）、示值误差（测量工具为测长机和三等标准金属线纹尺）。

新生产和修理后的套管尺还应检定测头表面粗糙度、刻度管线和读数指标线的线纹宽度、读数指标线刻线面棱边到刻度管刻线面的距离等项目。

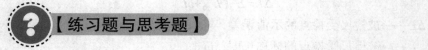

【练习题与思考题】

1. 钢卷尺在使用比较法测量时，为什么要使用分段测量的方法？
2. 检定钢卷尺时为什么要进行温度修正？
3. 试述量油尺的使用维护注意事项。
4. 简述测深钢卷尺的主要检定项目和设备。
5. 试述在钢卷尺的比较测量中，其误差来源主要有哪几项。

第三章 温度计量

第一节 温度与温标

温度计是油品计量和油品质量化验的常用器具，其量值的准确与否，直接影响着油料质量的判断，决定着油料数量统计结果的准确性，必须定期检定。

一、温度

从宏观上讲，温度是物体冷热程度的量度，即热物体温度高，冷物体温度低。

在微观状态，气体分子的平均平动动能与温度有关，与热力学温度成正比。温度标志着物体内部分子无规则运动的剧烈程度，温度越高就表示物体内部分子无规则热运动越剧烈。温度概念是与大量分子的平均平动动能相联系的，温度是大量分子热运动的共同表现，具有统计意义。单个分子，温度是无意义的。

二、温标

温度的数值表示法叫作温标。要建立温标需要三个要素：一是选择测温物质，确定它随温度变化的属性即测温属性；二是选定温度固定点；三是规定测温属性随温度变化的关系。

温标的形式有多种，先后出现过经验温标、热力学温标和1990年国际温标（ITS-90）。

1. 经验温标

经验温标以摄氏温标与华氏温标为主。原始摄氏温标的建立就是选择装在玻璃毛细管中的液体作为测温物质的，随着温度的变化，毛细管中液体的长短反映了液体体积膨胀这一测温属性。选择水结冰的温度作为下限，水在101325Pa时沸腾的温度作为上限，并且认为在这两点之间液柱的长短与温度的关系是线性的，规定水结冰的温度为0℃。水在1标准大气压下的沸腾温度为100℃，中间分为100等份，那么一等份为1℃，这样定义的温标称为摄氏温标（Celsius），单位为摄氏度，表示为℃。类似地，还有华氏温标（Fahrenheit），单位为华氏度，表示为℉。它规定冰点温度为32.00℉，水的沸腾温度为212.00℉，1℉为1℃的

5/9，换算关系为

$$t_F = 32 + 9/5t_C$$
$$t_C = (t_F - 32) 5/9$$

华氏度在现行的法定计量单位中已经废除，但是在西方欧美国家中仍在继续使用。

经验温标与测温物质属性有很大关系。例如用玻璃液体温度计在水的冰点和沸点建立了温标，再用铂电阻温度计也在水的冰点和沸点同样建立了温标，这两种温标是否相同呢？通过实验可知，除了在水的冰点和沸点相重合外，在其他地方是不会重合的。也就是说，在 0 和 100 之间选取一点，如用玻璃液体温度计测出 50℃一点，那么另用铂电阻就不会正好是 50℃，而是有一定的偏差，这说明这样建立的温标与物质的测温属性有很大的关系。因此需要建立一种温标，完全不依赖于任何测温物质及其物理属性。

2. 热力学温标

热力学温标建立在热力学定律基础上，分为两种形式：

定容气体温标——维持气体的体积不变，压强随温度而改变的为定容气体温标；

定压气体温标——维持气体的压强不变，体积随温度改变的为定压气体温标。定压气体温度计结构复杂，操作和修正也很麻烦，除高温范围外一般都很少使用。

定容气体温度计是以压强（保持体积不变）作为测温物质的测温属性，来建立理想气体温标的。若设 $T(p)$ 表示定容气体温度计的温度值，单位为 K，p 表示用温度计测得的经修正的气体压强值。

则：$T(p)/p = a$（常数）

第十届国际计量大会采纳水三相点作为单一固定点来定义开尔文（热力学温度单位）。这个固定点是指纯水、冰和水蒸气三相共存的唯一点（三相点），它的温度是 273.16K。用 P_{tp} 表示气体在水三相点时的压强，可得

$$273.16K = aP_{tp}$$

即：$$a = 273.16K/P_{tp}$$

可得到：$$T(p) = (273.16K/P_{tp}) \cdot p$$

利用上式可由测得的气体压强 P 来确定待测温度 $T(p)$。

定容气体温度计常用的气体有 H_2、He、O_2 和空气，用不同气体确定的温标除在水三相点相同外，在其他温度点也相差很小。这些很小的差别在气体温度计所用的气体极稀薄时会逐渐消失。

3. 1990 年国际温标（ITS-90）

气体温标虽然能很好地趋近和复现热力学温标，但是它使用起来麻烦，而且

很不实用，国际温标就是为了实用而建立起来的一种协议性温标。国际温标是经国际协商决定采用的一种国际上通用的温标，它应满足三个条件：

——应尽可能与热力学温标相一致；

——它的复现准确度高，使各点都能够准确地复现国际温标；

——使用方便，满足生产需要。

在满足以上三个基本条件的基础上，要形成实用方便的温标必须具备国际温标三要素，即①固定点；②内插仪器；③内插公式。

1927 年第 7 届国际计量大会公布了 1927 年国际温标(ITS-27)，借助六个定义固定点，三种标准内插仪器，四个内插公式来定义。这是第一个国际温标，基本上形成了温标的格式，以后经多次重大修改、发展，根据 1987 年第 18 届国际计量大会第 7 号决议，第 77 届国际计量委员会于 1989 年通过了"1990 年国际温标(ITS-90)"，于 1990 年 1 月 1 日起生效，我国从 1991 年 7 月 1 日起施行"1990 年国际温标(ITS-90)"。

第二节　常用温度计量器具

玻璃液体温度计、压力温度计、电阻温度计、热电偶温度计、辐射测温仪表等是常用的温度计量器具。

一、玻璃液体温度计

玻璃液体温度计是一种最常用的测温仪器，其结构简单、价格低廉、使用方便。

1. 玻璃液体温度计的结构

玻璃液体温度计主要由感温包(或称贮液包)、毛细管、主刻度、辅助刻度、中间包、感温液体和安全包组成，见图 3-2-1。

2. 玻璃液体温度计的分类

（1）玻璃液体温度计按结构可分为棒式、内标式和外标式三种。

棒式温度计的毛细管与感温包连在一起，分度标尺直接刻在玻璃表面上，见图 3-2-2。

内标式温度计是将长方形乳白色分度标尺板置于毛细管之后，毛细管和标尺均装在同一玻璃管内。这种温度计结构明显易见，读数方便，见图 3-2-3。

图 3-2-1　玻璃液体温度计
1—感温包；2—感温液体；
3—中间包；4—辅助刻度；
5—主刻度；6—毛细管；7—安全包

外标式温度计是将接有感温包的毛细管直接固定在刻度标尺的塑料、金属或其他材料做成的板上。这种结构的温度计主要用于测量不超过60℃的空气温度，见图3-2-4。

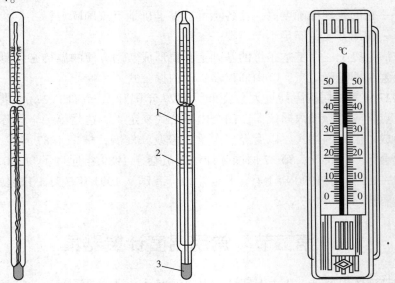

图 3-2-2 棒式温度计　　图 3-2-3 内标式温度计　　图 3-2-4 外标式温度计

1—毛细管；2—标尺；3—贮囊

（2）按感温液体可分为水银温度计和有机液体温度计。水银温度计感温包内充水银或汞基合金（-60℃）；有机液体温度计感温包内充有机液体，如乙醇（酒精）、甲苯、煤油、石油醚、戊烷等。主要用于-100~100℃范围的温度测量。

（3）按用途可分为标准水银温度计、工作用玻璃液体温度计和电接点式温度计。

标准水银温度计可分为一等标准和二等标准，它们的测量范围均为-100~300℃。

一等标准水银温度计分9个组（100℃以下测量范围内最小分度值为0.05℃，100~300℃最小分度值为0.1℃）和13个组（最小分度值为0.05℃）透明棒式。

一、二等标准水银温度计主要供计量部门作为量值传递的标准仪器，也适用于大专院校、科研单位实验室高准确度的温度测量。

二等标准水银温度计的最小分度值为0.1℃。二等标准水银温度计既有内标式又有棒式。

为适应测温技术的发展需要，我国已将其测温范围由原来的-30~300℃延伸到-60~600℃。

工作用玻璃液体温度计包括精密温度计（实验室用）和普通温度计。精密温度计用于精密温度测量，普通温度计只作一般性温度测量。其分度值和测量范围见表3-2-1。

表 3-2-1　工作用玻璃液体温度计的分度值和测量范围

名　　称	精密温度计	普通温度计
分度值/℃	0.01、0.02、0.05	0.1、0.2、0.5、1.0、2.0、5.0
测量范围/℃	-60~500	-100~600

电接点式温度计既能指示温度，又能与继电器配合后广泛用于调节和自动控制温度，作自动控制元件。在长时间内通-断控制器，能将温度控制在±0.01℃以内，甚至更好。

电接点式温度计是在普通水银温度计的基础上，加了两根电极接点制造而成的，见图 3-2-5。

电接点可分为调节式和固定式两种。调节式（或称可调节式）电接点温度计可调节被控制的温度值；固定式电接点温度计上部毛细管中的金属丝在制造时就将其固定在某一需要控制的温度值上，故不能进行调节，且无安全包。除此以外，还有量热温度计和贝克曼温度计（图 3-2-6）。

量热温度计是缩短标尺的水银温度计，主要用于 3~5℃ 温差的温度测量。

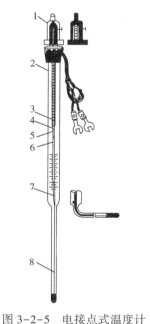

图 3-2-5　电接点式温度计

1—磁钢；2—指示铁；3—螺旋杆；4—钨丝引出端；
5—螺旋形铂丝；6—钨丝；7—铂丝；8—铂丝引出端

图 3-2-6　贝克曼温度计

1—感温包；2—主标尺；
3—备用包；4—副标尺

二、热电阻

热电阻是利用导体或半导体的电阻值随温度变化的特性来测量温度的一种感

温元件，以热电阻作感温元件的温度计通常称为电阻温度计，它的主要特点是测量准确度高，性能稳定。常见的电阻温度计有标准铂电阻温度计，其测量精确度非常高；此外还有工业铂、铜热电阻温度计等。

三、热电偶

热电偶是目前测温领域中应用最广泛的感温元件之一，它直接测量温度，并把温度信号转换为热电动势信号，通过电测仪表(二次仪表)转换成被测介质的温度。热电偶的主要特点是测温范围宽，响应快，容易制造，耐用性强。

热电偶按材质可分为贵金属热电偶(主要有分度号为 S 的铂铑 10-铂热电偶、分度号为 R 的铂铑 13-铂热电偶和分度号为 B 的铂铑 30-铂铑 6 热电偶)；廉金属热电偶(主要有分度号为 K 的镍铬-镍硅热电偶、分度号为 N 的镍铬-镍硅热电偶、分度号为 E 的镍铬-铜镍热电偶、分度号为 J 的铁-铜镍热电偶)。

热电偶按结构可分为普通热电偶(主要服务于测量气体、蒸汽和液体介质的温度)；铠装热电偶，亦称套管热电偶(广泛用于航空、原子能、电力、冶金、机械和化工等部门)；表面热电偶(主要用于测量固体的表面温度)；快速消耗型热电偶(主要用于测量钢水温度)。

热电偶按用途和等级可分为工作用热电偶和标准热电偶。

四、辐射测温仪

辐射测温仪属于非接触式测温仪表，主要适用于高温范围。它是根据被测物体的辐射能量与温度之间的函数关系来测量温度的。这类仪表有全辐射高温计、单辐射高温计和比色温度计等。通常使用的方法有亮度测温法、全辐射测温法和比色测温法。

第三节　玻璃液体温度计检定方法

玻璃液体温度计应按 JJG 130《工作用玻璃液体温度计》进行检定。

一、检定设备

温度计的检定设备主要由标准水银温度计、恒温槽、冰点器及读数望远镜等组成。

检定工作用的玻璃液体温度计，应根据被检温度计的测温范围、最小分度值等参数，选用以下标准器。

-60~300℃二等标准水银温度计。

-60~0℃二等标准汞基温度计。

测量范围为 25~50℃、51~75℃、76~100℃，最小分度值为 0.05℃ 的一等标准水银温度计各 1~2 支，用于检定示值允许误差为 ±0.1℃ 的温度计。

−200~630℃ 二等标准铂电阻温度计。

恒温槽及技术指标见表 3-3-1、表 3-3-2。

表 3-3-1　检定普通温度计的标准器及主要配套设备

设备名称	技术性能				用途
	温度范围/℃	温度均匀性/℃		温度波动性/（℃/10min）	
		工作区域水平温差	工作区域最大温差		
恒温槽	−100~−30	0.05	0.10	0.10	热源
	−30~100	0.02	0.04	0.04	
	100~300	0.04	0.08	0.10	
	300~600	0.10	0.20	0.20	

表 3-3-2　检定高准确度温度计的标准器及主要配套设备

设备名称	技术性能				用途
	温度范围/℃	温度均匀性/℃		温度波动性/（℃/10min）	
		工作区域水平温差	工作区域最大温差		
恒温槽	0~100	0.005	0.10	0.10	热源
	100~150	0.01	0.02	0.02	

二、检定方法

1. 外观检查

新制造的温度计用目力、放大镜、钢直尺、玻璃偏光应力仪观察温度计是否符合规程要求。

使用中的温度计应着重检查感温泡和其他部分有无破损和裂痕等。感温液柱若有断节、气泡或在管壁上留有液滴或挂色等现象，能修复者，经修复后才能检定。

2. 示值稳定性检定

这项检定仅对新出厂的温度计进行。将温度计在上限温度保持 15min，取出自然冷却至室温测定第一次零点位置。再将温度计在上限温度保持 24h，取出自然冷却至室温，测定第二次零点位置。用第二次零点位置减去第一次零点位置即为零点上升值，零点上升值不超过分度值的 1/2。

3. 示值误差检定

（1）温度计检定点间隔的规定参见表 3-3-3 和表 3-3-4。

表 3-3-3　一般用途温度计检定点间隔　　　　　　　　　　　　℃

分度值	0.01	0.02	0.05	0.1	0.2	0.5	1, 2, 5
检定点间隔	1	2	5	10	20	50	100

表 3-3-4　石油产品用玻璃液体温度计技术规格和检定点(部分)

温度计编号	温度范围/℃	分度值/℃	浸没方式或深度/mm	检定点/℃	最大允许误差/℃
GB-1	-30~170	1	55	-20, 0, 50, 100	±1.0
				150	±2.0
GB-2	100~300	1	55	100, 150, 200	±2.0
				250, 300	±3.0
GB-3	0~360	1	45	0, 100	±1.0
				200	±2.0
				300	±3.0
GB-5	-6~400	2	25	0, 100, 200	±2.0
				300, 370	±4.0
GB-6	0~60	0.5	90	0, 20, 40, 50	±1.0
GB-11	48~52	0.1	全浸	50	±0.2
GB-12	38~42	0.1	全浸	40	±0.2
GB-13	18~22	0.1	全浸	20	±0.2
GB-26	0~150	1	全浸	0, 50, 100, 150	±1.0
GB-28	-5~300	1	76	0, 50, 100, 150, 200, 250, 300	±1.0
GB-29	-5~300	1	76	0, 100, 200, 300	±1.0
				400	±1.5
GB-30	-30~60	1	150	-20, 0, 50	±1.0
GB-31	-80~60	1	75	-60	±3.0
				-40, -20, 0	±2.0
				50	±1.0

（2）各温度点的检定采用比较法。

将标准温度计与被检温度计按规定浸没深度垂直插入恒温槽或被测油品中，恒温槽温度应控制在偏离检定点±0.20℃以内(以标准温度计为准)，温度计插入槽中或油品时，一般稳定 10min(水银温度计)或15min(有机液体温度计)后方可检定。应采用读数望远镜或其他设备读数，读数应迅速，读完一个检定点槽温变化不得超过 0.10℃，并估读到最小分度值的1/10。

精密温度计应进行两个循环即四次读数；普通温度计不少于两次读数。

（3）标准温度计新示值修正值的求得。

二等标准温度计在每次使用完后，应测定其零点位置。当发现所测定的零点位置发生变化时，则应计算其各点新的示值修正值。计算公式为：

新的修正值=原证书修正值+（原证书上限温度检定后的零点位置-新测得的上限温度检定后的零点位置）

（4）0℃要求在冰点器中读数。冰要用蒸馏水或自来水制取，保持清洁，不得有杂质混入；将蒸馏水或自来水冰破碎成雪花状，放入冰点器内，加入适量的蒸馏水或自来水后，用干净的玻璃棒搅拌并压紧，使冰面发乌，稳定后即可使用。零点检定时温度计要垂直插入冰点槽中，距离器壁不得小于20mm，待示值稳定后读数。蒸馏水冰可采用定点法检定，自来水冰则采用比较法检定。

4. 检定结果处理

读数结果取平均值，修整到分度值的1/10。尾数只能是分度值的倍数。修正值的计算公式如下：

$$\Delta t_{被} = t_{实际温度} - t_{被}$$
$$t_{实际温度} = t_{标} + \Delta t_{标}$$

式中　$t_{实际温度}$——二等标准水银温度计测出的恒温槽实际温度；

　　　$t_{标}$——标准温度计读数平均值；

　　　$t_{被}$——被检温度计读数平均值；

　　　$\Delta t_{标}$——标准温度计修正值；

　　　$\Delta t_{被}$——被检温度计修正值。

例3-3-1　用二等标准温度计2-815号检定普通温度计9号、10号和11号，检定点为100℃，其检定结果记录如下，试计算被检温度计的修正值。

项目	标准温度计	被检温度计		
温度计编号	2-185	9	10	11
零点位置	0.0	0.0	0.0	0.0
分度值/℃	0.1	1.0	0.2	0.5
示值读数（格数）	0.3	0.4	0.2	0.5
	0.3	0.4	0.2	0.6
	0.3	0.4	0.3	0.6
	0.4	0.5	0.4	0.7
读数平均值/℃				
标准温度计修正值/℃	-0.06	—	—	—
实际温度/℃		—	—	—
被检温度计修正值/℃	—			
修约后的修正值/℃	—			

解：表格法

项　　目	标准温度计	被检温度计		
温度计编号	2-185	9	10	11
零点位置	0.0	0.0	0.0	0.0
分度值/℃	0.1	1.0	0.2	0.5
示值读数(格数)	0.3	0.4	0.2	0.5
	0.3	0.4	0.2	0.6
	0.3	0.4	0.3	0.6
	0.4	0.5	0.4	0.7
读数平均值/℃	0.03	0.4	0.06	0.30
标准温度计修正值/℃	-0.06	—	—	—
实际温度/℃	-0.03			
被检温度计修正值/℃	—	-0.43	-0.09	-0.33
修约后的修正值/℃		-0.4	-0.08	-0.35

公式法：

$$t_{实际温度} = t_标 + \Delta t_标 = \frac{(0.3+0.3+0.3+0.4)}{4} \times 0.1 + (-0.06)$$

$$= 0.03 + (-0.06) = -0.03℃$$

9 号被检温度计：$\Delta t_{被9} = t_{实际温度} - t_被 = (-0.03) + (-0.4) = -0.43℃$，经过修约，$\Delta t_{被9} \approx -0.4℃$

10 号被检温度计：$\Delta t_{被10} = t_{实际温度} - t_被 = (-0.03) + (-0.06) = -0.09℃$，经过修约，$\Delta t_{被10} \approx -0.08℃$

11 号被检温度计：$\Delta t_{被11} = t_{实际温度} - t_被 = (-0.03) + (-0.30) = -0.33℃$，经过修约，$\Delta t_{被10} \approx -0.35℃$

5. 温度计示值允许误差(参见表 3-3-5)

表 3-3-5 一般用途玻璃液体温度计最大允许误差　　　　　　℃

感温液体	温度计上限或下限所在温度范围	分度值									
		0.1		0.2		0.5		1		2		5
		全浸	局浸	全浸	局浸	全浸	局浸	全浸	局浸	全浸	局浸	全浸	局浸
有机液体	-100~<-60	±1.0		±1.0		±1.5	±2.0	±2.0	±2.5			
	-60~<-30	±0.6		±0.8		±1.0	±1.5	±2.0	±2.5			
	-30~<100	±0.4		±0.5		±0.5	±1.0	±1.0	±1.5	±2.0	±3.0	
	100~200					±1.5	±2.0	±2.0	±3.0		
汞基	-60~<-30	±0.3		±0.4		±1.0		±1.0			

感温液体	温度计上限或下限所在温度范围	分度值											
		0.1		0.2		0.5		1		2		5	
		全浸	局浸	全浸	局浸	全浸	局浸	全浸	局浸	全浸	局浸	全浸	局浸
水银	−30~100	±0.2	±1.0	±0.3	±1.0	±0.5	±1.0	±1.0	±1.5	±2.0	±3.0		
	>100~200	±0.4		±0.4	±1.5	±1.0	±1.5	±1.5		±2.0	±3.0		
	>200~300	±0.6		±0.6		±1.0		±1.5		±2.0	±3.0	±5.0	±7.5
	>300~400			±1.0		±1.5		±2.0		±4.0	±6.0	±10.0	±12.0
	>400~500			±1.2		±2.0		±3.0		±4.0	±6.0	±10.0	±12.0
	>500~600									±6.0	±8.0	±10.0	±15.0

6. 局浸式温度计露出液柱的温度修正

局浸式温度计应在规定的条件下进行检定。如果不符合规定的条件，应对温度计露出液柱的温度进行修正。局浸式温度计露出液柱的温度修正的条件和公式见表3-3-6。

表3-3-6 局浸式温度计露出液柱的温度修正的条件和公式

温度计名称	规定条件	不符合条件	示值偏差修正公式
局浸式高精度温度计	露出液柱平均温度为25℃	露出液柱平均温度不符合规定	$\Delta_t = k \cdot n \cdot (25 - t_1)$ $\delta'_t = \bar{\delta}_t + \Delta_t$
局浸式普通温度计	环境温度为25℃	环境温度不符合规定	$\Delta_t = k \cdot n \cdot (25 - t_2)$ $\delta'_t = \bar{\delta}_t + \Delta_t$

式中　Δ_t——露出液柱温度修正值；

　　　k——温度计中感温液体的视膨胀系数，℃$^{-1}$；

　　　n——露出液柱的长度在温度计上相对应的温度（修约到整数），℃；

　　　t_1——辅助温度计测出的露出液柱平均温度，℃；

　　　δ'_t——被检温度计经露出液柱修正后的示值偏差，℃；

　　　$\bar{\delta}_t$——被检温度计温度示值偏差的平均值，℃；

　　　t_2——露出液柱的环境温度，℃。

例3-3-2 测温范围为25~30℃，分度值为0.01℃的局浸式水银温度计，其浸入深度示值为23℃，露液平均温度 $t_1 = 32$℃，又知该温度计在30℃点示值修正值为−0.012℃。

计算：当示值温度为30℃时，该温度计的实际温度 t 是多少？

解： $\Delta_t = k \cdot n \cdot (25 - t_1)$

露出液柱度数 $n = 30 - 23 = 7$℃、$k = 0.00016$℃$^{-1}$

$$\Delta_t = k \cdot n \cdot (25-t_1)$$
$$= 0.00016 \times 7 \times (25-32)$$
$$= -0.0078 \text{℃}$$

该局浸式水银温度计测量实际温度 t 的计算公式：

$$t = t'_A + \Delta t + \Delta_t$$

式中　t'_A——在露液温度为 t_1 时的温度计示值，℃；

　　　Δt——示值 t'_A 对应的修正值，℃；

　　　Δ_t——露液的温度修正值，℃。

$$t = t'_A + \Delta t + \Delta_t$$
$$= 30 + (-0.0012) + (-0.0078)$$
$$= 29.991 \text{（℃）}$$

当示值温度为 30℃时，该温度计的实际温度 t 是 29.991℃。

7. 检定注意事项

（1）温度计要按规定浸没深度垂直插入恒温槽或被测油品中，插入前应预热或预冷；

（2）温度计应按规定的浸没深度，垂直插入恒温槽，一般要经过 10min（水银温度计）或 15min（有机液体温度计）的恒温；

（3）以零点为界，分别向上限或下限方向逐点进行，即检定点从低温向高温（0℃以上）或从高温向低温（0℃以下）进行；

（4）读数过程中要求恒温稳定，或均匀缓慢上升，恒温槽温度应控制在偏离检定点±0.2℃以内（以标准温度计为准）方再读数；读数时间均匀、迅速，读完一个检定点槽温变化不得超过 0.10℃；

（5）0℃要求在冰点器中读数。冰要用蒸馏水或自来水制取，冰破碎成雪花状，放入冰点器内，用干净的玻璃棒搅拌并压紧，使冰面发乌，稳定后即可使用。零点检定时温度计要垂直插入冰点槽中，距离器壁不得小于 20mm，待示值稳定后读数；

（6）读数应迅速、准确。

8. 检定周期

二等标准水银温度计的检定周期为 2 年。

二等标准水银温度计以下，包括精密、普通温度计、电接点温度计、石油产品用玻璃液体温度计等工作计量器具的检定周期均应根据具体情况确定，但最长不得超过 1 年。

第四节　热电偶与热电阻检定方法

为保证测量的准确度，热电阻需要定期校准，检定方法参照 JJG 229《工业铜、铂热电阻》规范进行。

热电偶在使用过程中，热端受氧化、腐蚀和在高温下热电偶材质的再结晶，使热电特性发生变化，而使测量误差越来越大。为了使温度的测量能保证一定的准确度，热电偶必须定期进行校验，以测出热电势变化的情况。热电偶检定方法参照 JJG 351《工作用廉金属热电偶》、JJG 141《工作用贵金属热电偶》规范进行。

一、热电阻的检定

热电阻的检定项目参见表 3-4-1。

表 3-4-1　检定项目

检定项目		首次检定	后续检定	使用中检查
外观		+	+	+
绝缘电阻	常温	+	+	+
	高温	*	−	−
稳定性		*	−	−
允差	0℃点	+	+	+
	允差等级规定的上限（或下限）温度或100℃点（应选100℃）	+	+	−

注：表中"+"表示应检定，"−"表示可不检定，"*"表示当用户要求时应进行检定。

热电阻的检定周期可根据使用条件、频繁程度和重要性确定，最长不得超过 1 年。

二、工作用廉金属热电偶的检定

分度号为 K 的镍铬-镍硅热电偶、分度号为 N 的镍铬-镍硅热电偶、分度号为 E 的镍铬-铜镍热电偶、分度号为 J 的铁-铜镍热电偶（以下分别简称 K、N、E、J 型热电偶）属于廉金属热电偶。

1. 技术要求

不同等级热电偶在规定温度范围内，其允差应符合表 3-4-2 规定。

表 3-4-2　热电偶计量最大允许误差

热电偶名称	分度号	等级	测量温度范围/℃	允差[1]
镍铬-镍硅（铝）	K	I	−40~1100	±1.5℃或±0.4%t[2]
		II	−40~1300	±2.5℃或±0.75%t
镍铬-镍硅	N	I	−40~1100	±1.5℃或±0.4%t
		II	−40~1300	±2.5℃或±0.75%t

热电偶名称	分度号	等级	测量温度范围/℃	允差①
镍铬-铜镍	E	Ⅰ	-40~800	±1.5℃或±0.4%t
		Ⅱ	-40~900	±2.5℃或±0.75%t
铁-铜镍	J	Ⅰ	-40~750	±1.5℃或±0.4%t
		Ⅱ	-40~750	±2.5℃或±0.75%t

注：①允差最大值；②t 为测量端温度。

热电偶的外观应满足下列要求：

新制热电偶的电极应平直、无裂痕、直径应均匀；使用中的电偶的电极不应有严重的腐蚀和明显缩径等缺陷。

热电偶测量端的焊接要牢固、呈球状，表面应光滑、无气孔、无夹渣。

2. 检定项目和检定方法

廉金属热电偶的检定项目主要有外观检查与示值检定。

廉金属热电偶的检定温度，由热电偶丝材及电极直径粗细决定，如表 3-4-3 所示。

300℃以下点的检定，在油恒温槽中，与二等标准铂电阻温度计进行比较，检定时油槽温度变化不超过±0.1℃。

表 3-4-3　热电偶的检定点温度

分度号	电极直径/mm	检定点温度/℃
K 或 N	0.3	400　600　700
	0.5　0.8　1.0	400　600　800
	1.2　1.6　2.0　2.5	400　600　800　1000
	3.2	400　600　800　1000　(1200)*
E	0.3　0.5　0.8　1.0　1.2	100　300　400
	1.6　2.0　2.5	(100)　200　400　600
	3.2	(200)　400　600　700
J	0.3　0.5	100　200　300
	0.8　1.0　1.2	100　200　400
	1.6　2.0	(100)　200　400　500
	2.5　3.2	(100)　200　400　600

注：* 括号内的检定点，可根据用户需要选定。

300℃以上的各点在管式炉中与标准铂铑 10-铂热电偶进行比较，其中，检定Ⅰ级热电偶时，必须采用一等铂铑 10-铂热电偶。

3. 检定周期

廉金属热电偶的检定周期一般为半年，特殊情况下可根据使用条件来确定。

三、工作用贵金属热电偶的检定

分度号为 S 的铂铑 10-铂热电偶、分度号为 R 的铂铑 13-铂热电偶和分度号为 B 的铂铑 30-铂铑 6 热电偶属于贵金属热电偶。

1. 技术要求

在适用的温度范围内，热电偶参考端为 0℃ 时的热电动势值对分度表的偏差值换算成温度时，不得超过表 3-4-4 规定的最大允许误差。

表 3-4-4　热电偶检定温度点及对应热电动势示值最大允许误差

分度号	检定温度点/℃	Ⅰ级/μV	Ⅱ级/μV	Ⅲ级/μV
S	419.527（锌凝固点）	±10	±14	—
	660.323（铝凝固点）	±10	±17	—
	1084.62（铜凝固点）	±12	±32	—
R	419.527（锌凝固点）	±10	±16	—
	660.323（铝凝固点）	±12	±19	—
	1084.62（铜凝固点）	±14	±37	—
B	1100	—	±27	±54
	1300	—	±35	±71
	1500	—	±43	±87

注：允差取大值；t 为测量端温度。

热电偶的外观应满足下列要求：

热电偶电极表面应平滑、光洁、线径均匀。测量端焊接应牢固、圆滑、无气孔。

使用中的热电偶电极允许稍有弯曲，表面允许稍有暗色斑点，经清洗后若仍有发黑、腐蚀斑点和明显的粗细不均匀等缺陷时，作不合格处理。

电极直径及偏差应符合表 3-4-5 的规定。

表 3-4-5　电极直径及偏差

电极直径	允许偏差
0.5	−0.015

热电偶在其保护套管上或在其所附的标签上至少应有下列内容：

分度号、器具编号、等级、制造厂商。

2. 检定项目和检定方法

贵金属热电偶的检定项目主要有外观检查、电极直径与示值误差（表 3-4-6）。

表 3-4-6　检定项目

检定项目	首次检定	后续检定	使用中检查
外观检查	+	+	+
电极直径	+	-	-
示值误差	+	+	+

注：表中"+"表示应检定；表中"-"表示可不检定。

热电偶的检定温度点见表 3-4-4，检定顺序由低温向高温逐点进行，检定炉炉温偏离检定点温度不得超过±5℃。

其中，示值误差的检定可采用双极比较法或者同名极比较法进行。

3. 检定结果处理

热电偶热电动势的检定结果的有效位数应修约保留到小数点后 3 位，检定结果的示值误差不得超过表 3-4-4 给定的最大允许误差。

经检定符合本规程各项技术要求的热电偶发给《检定证书》，不符合本规程要求的发给《检定结果通知书》。

4. 检定周期

贵金属热电偶的检定周期一般为半年，特殊情况下可根据使用条件来确定。

 【练习题与思考题】

1. 简述温度的含义与特点。

2. 简述温标三要素及国际温标应具备的基本原则。

3. "开尔文"是如何定义的？

4. 试述玻璃液体温度计的分类。

5. 检定玻璃液体温度计的设备有哪些？其检定步骤如何？

6. 试确定下列普通温度计的检定点。

（1）最小分度值为 0.1℃，测温范围是 50~100℃ 的温度计。

（2）最小分度值为 1℃，测温范围是 -5~300℃ 的温度计。

7. 已知某二等标准温度计的检定结果如下。

温度计示值(℃)　　10　　20　　30　　40　　50

修正值(℃)　　-0.09　+0.04　+0.08　+0.02　+0.08

用该标准温度计检定一支工作温度计，在 40℃ 和 50℃ 检定点的读数平均值分别为 -0.06℃ 和 0.01℃，而被检温度计在该处的读数分别为 -0.3℃ 和 0.2℃，求被检温度计在该检定点的修正值。

第四章 密度计量

石油密度计、海水密度计、酒精密度计等统称为玻璃浮计，其中石油密度计在油料计量和油料分析中应用广泛。按照国家或军队的有关规定，玻璃浮计必须定期检定。

第一节 密 度

在油料工作中，密度测量具有重要的作用。我们可以通过测量密度和体积，计算出油料数量；通过测量密度大致判断出油料的馏分组成和化学组成，并在一定程度上了解油料的质量；通过测量密度，可以判断是否混油或储运中的蒸发损失；对于喷气式飞机来说，油料的密度越大，其续航能力越大。

一、密度基本概念

密度就是单位体积内所含物质的质量，$\rho = m/V$。

式中　m——物质质量，kg；

　　　V——物质体积，m^3；

　　　ρ——物质密度，kg/m^3。

在20℃和$1.01 \times 10^5 Pa$下液体的密度称为标准密度，用ρ_{20}表示。

T℃时从密度计上所测得的密度值称为视密度。

二、密度与温度的关系

由于液体体积随温度变化而变化，所以温度变化会影响液体密度，通常以20℃的密度为标准密度。密度与温度的变化关系如下式所示。

$$\rho_t = \rho_{20}\left[1 + \alpha_V(20-t)\right]$$

式中　ρ_t——液体在t℃下的密度；

　　　ρ_{20}——液体在20℃下的密度；

　　　α_V——液体的体膨胀系数（严格来讲，是指$20 \sim t$℃温度范围内的平均值）。

体膨胀系数表征了物质的热膨胀特性，是温度每变化1℃时，物质体积的相对变化率。

第二节 玻璃浮计的分类及原理

一种在液体中能够垂直自由漂浮，根据它浸没于液体中的深度来直接测量液体密度或浓度的仪器。本术语仅指质量固定式玻璃浮计（以下简称"浮计"）。相应的测量方法称为"浮计法"。

一、浮计的分类

按国家规定的准确度等级，可分为标准浮计和工作浮计。

用于液体密度或浓度量值传递的简称"标准浮计"。目前，我国设有一等和二等两种标准浮计，如一、二等标准密度计和一、二等标准酒精计等。相应的检定规程为 JJG 86《标准玻璃浮计》。

用于各个领域测量液体密度或浓度的一种工作计量器具，简称"工作浮计"。它的种类很多，例如密度计、石油密度计、酒精密度计和糖量计等。相应的检定规程为 JJG 42《工作玻璃浮计》。密度计的型号规格参见表 4-2-1。

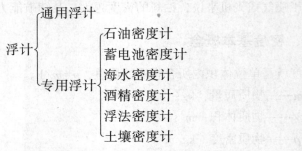

表 4-2-1 密度计的型号与种类

受检密度计名称		测量范围	计量基、标准名称	测量范围	扩展不确定度
精密密度计		650~2000kg/m³	一等标准密度计组	650~2000kg/m³	$(8\sim20)\times10^{-2}kg/m^3$
密度计			二等标准密度计组		$15\times10^{-2}kg/m^3$
石油密度计	SY-02	600~1100kg/m³	一等标准密度计组	650~1500kg/m³	$8\times10^{-2}kg/m^3$
	SY-05		二等标准密度计组	600~1100kg/m³	$15\times10^{-2}kg/m^3$
	SY-10				
精密乳汁密度计		1010~1040kg/m³	一等标准密度计组（密度连续型）	700~1100kg/m³	$8\times10^{-2}kg/m^3$

二、浮计的工作原理

浮计的工作原理实际为阿基米德定律。当浮计在液体中平衡时，浮计排开液体的重量等于浮计本身的重量。

若不考虑空气浮力的影响，浮计在液体中平衡时的受力满足下列方程。

$$Mg = (V_0 + LF)\rho g$$

式中　　M——浮计质量；

　　　　ρ——液体密度；

　　　　V_0——躯体体积；

　　　　L——杆管浸没深度；

　　　　F——杆管横截面积。

若密度计杆管直径为 D，$F = \dfrac{\pi D^2}{4}$，

$$\rho = \frac{M}{(V_0 + \pi D^2 L / 4)}$$

从上式可看出：液体密度与密度计杆管在液体中的浸入深度成反比。密度计浸入越深，L 越大，ρ 越小。

第三节　浮计检定方法

玻璃浮计应按 JJG 42《工作玻璃浮计》进行检定。通常采用直接比较法，即将被检浮计与标准浮计同时浸入检定液中，直接比较它们标尺的示值，然后决定被检浮计合格与否。浮计检定见图 4-3-1。

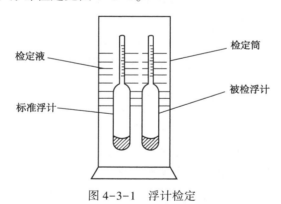

图 4-3-1　浮计检定

一、检定条件

1. 检定设备

石油密度计的主要检定设备为二等标准石油密度计、玻璃量筒、搅拌棒、游标卡尺、天平等。

2. 检定用液体

根据检定规程规定，石油密度计的检定液可用石油产品混合物（用石油醚、

无铅汽油、喷气燃料、柴油等配制)650~800kg/m³、酒精水溶液(用乙醇和蒸馏水配制)810~950kg/m³和硫酸氢乙酯(用硫酸和85%乙醇溶液配制)960~1010kg/m³，参见表4-3-1。在开展检定工作时，必须按规程和检定示值配制一定密度的检定液。

表 4-3-1　检定用液体

浮计名称	测量范围	液体名称	备　注
密度计	650~800kg/m³ 810~950kg/m³ 960~1000kg/m³ 1010~1830kg/m³ 1840~2000kg/m³	石油产品混合液(由石油醚、无铅汽油、煤油和柴油配制) 酒精水溶液(由乙醇和纯水配制) 硫酸氢乙酯(由硫酸和浓度为85%的酒精水溶液配制) 硫酸水溶液(由硫酸和纯水配制) 碘化钾、碘化汞水溶液(由碘化钾、碘化汞和纯水配制)	需用溢出法检定 将毛细常数修正到硫酸水溶液
石油密度计	650~800kg/m³ 810~950kg/m³ 960~1010kg/m³	石油产品混合液 酒精水溶液 硫酸氢乙酯	将毛细常数修正到石油产品混合液

下面介绍检定液的配制方法。假如需要配制的检定液密度、体积分别为 ρ 和 V，用来配制的两种液体密度分别为 ρ_1 和 ρ_2，其相应体积为 V_1 和 V_2。若这时认为 $V=V_1+V_2$，则下列等式成立，即

$$V\rho = V_1\rho_1 + V_2\rho_2$$

将 $V_2=V-V_1$ 代入上式，所需两种液体的体积数为：

$$\begin{cases} V_1 = \dfrac{\rho-\rho_2}{\rho_1-\rho_2}V \\ V_2 = V-V_1 \end{cases}$$

只要 ρ、V、ρ_1 和 ρ_2 确定，即可计算出 V_1 和 V_2。

在配制检定液时，可用比所要配制的液体密度大些或小些的两种液体来调制，这样不但快而且节省原材料。如在配制 1.5g/cm³ 的硫酸水溶液时，就不必用纯硫酸与蒸馏水，而用两种接近它的密度(1.30g/cm³ 和 1.65g/cm³)的硫酸水溶液来配制。

配制检定液体应注意的事项：

(1) 在配制液体时，应不断搅拌，配制后的液体应均匀而透明。

(2) 在配制硫酸氢乙酯和硫酸水溶液时，必须切记将密度大的硫酸沿着玻璃搅拌器缓缓注入85%的酒精水溶液或蒸馏水中，并不断搅拌，绝对不能反向进行，以避免它们混合后放热而沸腾溅出酸液烧伤人体。还必须注意配制时液温不

得超过40℃，以防液体过热而呈暗红色妨碍浮计正常读数。

（3）为使检定液更快地均匀稳定，最好用与要配制密度相近的两种液体来配制。

（4）新配制的检定液应放在检定室内12h后再使用，以便使液体温度均匀和稳定。

（5）调整检定液密度时，应先用被检器进行粗调，再用标准器将液体密度调整在所检示值上下两个分度值之内。

例4-3-1　用密度为680kg/m³的石油醚与密度为880kg/m³的汽油来配制密度为810kg/m³的石油产品混合液7L，试问需要多少容积的石油醚与汽油？

解：由 $\rho = 810\text{kg/m}^3$、$\rho_1 = 680\text{kg/m}^3$ 和 $\rho_2 = 880\text{kg/m}^3$，则石油醚容积 V_1 与汽油容积 V_2 的比值为

$$\frac{V_1}{V_2} = \frac{810-880}{680-810} = \frac{70}{130} = \frac{7}{13}$$

因此为了得到所需的20份容积的石油产品混合液，所需的石油醚与汽油的容积分别为

$$V_1 = 7 \times \frac{7}{20} = 2.45\text{L}(2450\text{mL})$$

$$V_2 = 7 \times \frac{13}{20} = 4.55\text{L}(4550\text{mL})$$

二、检定方法

1. 外观检查

按通用技术要求对浮计的外观、玻璃、标尺和标记等进行检查。如发现有一条不符合要求，不再进行示值误差检定。

2. 示值检定

（1）检定时，室温与检定液温度之差不应大于5℃。

（2）检定前应认真清洗玻璃筒和浮计，使弯月面形状正常（无锯齿形），否则应重新清洗。

（3）将浮计慢慢地浸到检定筒中，它们不能与任何物体相碰，搅拌时不能带有气泡，因气泡可能会附着在浮计上，使浮计体积增加，产生示值误差。

（4）检定液应调整到标准浮计检定点的上下两个分度值之内。浮计在检定液中漂浮时，只允许在检定点的上下3个分度值内波动，过多会增大浮计的质量，产生示值误差。

（5）每支石油密度计至少应检定三点（上、下两条主要刻度线与中间的任一条刻度线）。每一点两次检定修正值之差大于0.2个分度值时，应进行第三次检定。

（6）浮计示值的读数方法。按规程规定，读取浮计的示值有两种方法，即按

弯月面上缘读数与按弯月面下缘读数。其读法见图 4-3-2。

① 弯月面上缘读数，适用于不透明的液体，见图 4-3-2(a)。

② 弯月面下缘读数，适用于透明的液体，见图 4-3-2(b)。

不论是用何种方法进行读数，都应先用眼睛准确对准弯月面上缘或下缘（液面）与干管相切于两条相邻标记即分度值（1 格）间的位置，并判定占分度值的十分之几（估读到分度值的十分之一），然后计算估读部分到可见标记数码间的格数（通常，对于上缘读数可见数码在估读部分上方，对下缘读数可见数码在估读部分下方），最后，再由所确定的分度值数（格数）转化为浮计示值的读数。

读数计算的有关实例见图 4-3-3。

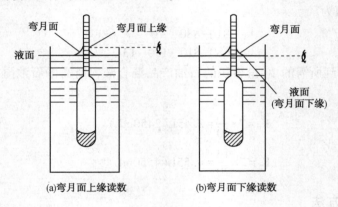

图 4-3-2　读数方法

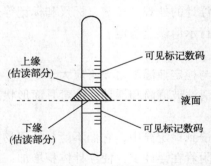

图 4-3-3　浮计示值

例 4-3-2　有一支示值范围为 950～1000kg/m³，分度值为 0.5kg/m³ 的密度计，按弯月面下缘读法，若估读部分到可见标记数码 975kg/m³ 为 2.4 格时，试计算密度计示值读数为多少？若按弯月面上缘读法，其示值读数又是多少？

解：由题中所给的密度计分度值可知，2.4 个格相当于密度表示值为 2.4×0.5 = 1.20kg/m³。按弯月面下缘读数时，则密度计的示值为：

$$975-1.20=973.80\text{kg/m}^3$$

若按上缘读数时，则密度计的示值为：

$$975+1.20=976.20\text{kg/m}^3$$

（7）关于温度修正和毛细常数修正。

温度修正：在浮计检定时，从前述的内容可以看出，当两支具有同一标准温度和认为材料一样的浮计浸入同一非标准温度的检定液中检定时，由于两支浮计体积改变所导致的误差相同，在比较其示值时被抵消了，所以这时只要液体温度均匀一致，无须作温度修正；然而，如果两支相互比较的浮计的标准温度不同，而且与液体的温度也不同时，由于它们各自的温度修正值不同，显然，为了比较它们的结果，必须对其中的一支浮计示值进行温度修正才行。

毛细常数修正：在浮计检定时，如果检定液的毛细常数与浮计实际使用液体的毛细常数不同，必须对各支浮计进行毛细常数修正后才能比较其示值。修正公式为：

$$\Delta\rho_a=\frac{(a_2-a_1)\pi D\rho^2}{m_0}$$

式中　　$\Delta\rho_a$——浮计的毛细常数修正值，g/cm^3；

　　　　a_1——实际使用的液体毛细常数，mm^2；

　　　　a_2——浮计检定时所用检定液的毛细常数，mm^2；

　　　　D——被修正浮计干管在检定点处的平均直径，准确到 0.05mm；

　　　　m_0——被修正浮计的质量，准确到 100mg；

　　　　ρ——液体密度，准确到 0.01g/cm^3；

　　　　π——圆周率，取 3.14。

从上式可以看出，$\Delta\rho_a$ 与液体的毛细常数特性的差值有关，也与浮计的质量与干管直径参数有关。为了计算 $\Delta\rho_a$，需用游标卡尺测量浮计干管的直径，用天平称量其质量。

例 4-3-3　当用适用于硫酸氢乙酯的密度计去测定硝酸溶液的密度时，其示值为 1.4708g/cm^3，求硝酸溶液的实际密度？

解：需要先确定这支浮计的质量、干管直径等参数，经测定它的质量为 95.0g，干管直径为 5.10mm，查相关表得知硫酸氢乙酯的毛细常数 $a_2=3.20\text{mm}^2$；硝酸溶液的毛细常数 $a_1=5.28\text{mm}^2$。

根据式　　　　　　　　$\Delta\rho_a=\frac{(a_2-a_1)}{m_0}\pi D\rho^2$

$$\Delta\rho_a=\frac{(3.20-5.28)\times3.14\times5.10\times1.47^2}{95000}=-0.00076\approx-0.0008\text{g/cm}^3$$

这样，硝酸溶液的实际密度为：

$$1.4708 - 0.0008 = 1.4700 \text{g/cm}^3$$

（8）规程规定浮计示值的最大允许误差，标准石油密度计与 SY-05 型石油密度计均为 ±0.6 个分度值即 ±0.3kg/m³，其他均不大于 ±1 个分度值。

（9）结果计算。检定是为获得被检浮计的修正值 $\Delta \rho_{被}$，然后判断合格与否。规程规定修正值是按下式计算的：

$$\Delta \rho_{被} = \rho_{标} + \Delta \rho_{标修} - \rho_{被}$$

式中　$\Delta \rho_{被}$——被检浮计修正值；

　　　$\rho_{标}$——标准浮计示值；

　　　$\rho_{被}$——被检浮计示值；

　　　$\Delta \rho_{标修}$——标准浮计检定证书的修正值。

式中，$\rho_{标}$ 与 $\rho_{被}$ 分别为标准浮计示值与被检浮计示值，这里实际上是指它们的实际值。$\rho_{标}$ 是在考虑到毛细常数修正值后得到的实际值；而 $\rho_{被}$ 是在考虑到毛细常数修正值后得到实际值。就是说只有在对标准浮计示值与被检浮计示值经过上述的一系列修正后，才能比较它们的示值。然后按上式计算出被检浮计的修正值。

例 4-3-4　用二等标准石油密度计检定工作石油密度计，检定点为 0.900g/cm³ 与 0.920g/cm³ 等，其检定结果如表 4-3-2 所示，经测定它的质量为 95.0005g，干管直径为 5.20mm，查相关表得知 $\rho_{20} = 0.900$g/cm³ 时，酒精水溶液的毛细常数 $a_2 = 3.17$mm²，石油产品混合液的毛细常数 $a_1 = 3.48$mm²；$\rho_{20} = 0.920$g/cm³ 时，酒精水溶液的毛细常数 $a_2 = 3.24$mm²，石油产品混合液的毛细常数 $a_1 = 3.50$mm²，求被检计修正值。

表 4-3-2　密度计检定记录表

检定点	0.900g/cm³		0.920g/cm³	
读数次数	1	2	1	2
标准密度计读数/(g/cm³)	0.90025	0.90025	0.91995	0.91990
标准计修正值/(g/cm³)	−0.00010		+0.00005	
标准计修正后读数/(g/cm³)				
被检密度计读数/(g/cm³)	0.90040	0.90035	0.92005	0.92005
毛细常数修正值				
修正后读数				
被检计修正值/(g/cm³)				
平均修正值/(g/cm³)				
修约后/(g/cm³)				

解：在表格中直接求出结果，如表 4-3-3 所示。

表 4-3-3　密度计检定记录表（含计算结果）

检定点	0.900g/cm³		0.920g/cm³	
读数次数	1	2	1	2
标准密度计读数/（g/cm³）	0.90025	0.90025	0.91995	0.91990
标准计修正值/（g/cm³）	−0.00010		+0.00005	
标准计修正后读数/（g/cm³）	0.90015	0.90015	0.92000	0.91995
被检密度计读数/（g/cm³）	0.90040	0.90035	0.92005	0.92005
毛细常数修正值	−0.00004		−0.00004	
修正后读数	0.90036	0.90031	0.92001	0.92001
被检计修正值/（g/cm³）	−0.00021	−0.00016	−0.00001	−0.00006
平均修正值/（g/cm³）	−0.00018		−0.00004	
修约后/（g/cm³）	−0.00020		−0.00005	

注意：被检浮计修正值尾数的确定方法。

规程规定，取同一检定点各次修正值的算术平均值，并将尾数修约到分度值的十分之一，作为检定点的修正值。

（1）对于分度值与数字 1 有关的浮计，如分度值为 1.0kg/m³ 的浮计，它所得的修正值，其末一位数字必然是自然数（0，1，…，9）；

（2）对于分度值与数字 2 有关的浮计，如分度值为 0.2kg/m³ 的浮计，它所得的修正值，其末一位数字必然是包括 0 在内的偶数（0，2，4，6，8）；

（3）对于分度值与数字 5 有关的浮计，如分度值为 0.5kg/m³ 的浮计，它所得的修正值，其末一位数字必然是 0 或 5。

三、检定周期

工作浮计的检定周期为 1 年，但根据其使用及稳定性等情况可为 2 年。对于 2 年我们是这样考虑的，对于工作浮计的检定周期一般为 1 年，但当进行后续检定后，其浮计的修正值与上次检定的修正值的差值即稳定性，在规定的变化范围通常为 ±0.4 个分度值之内，或者用户使用得不怎么频繁时，可以根据具体情况适当延长周期，但周期不得超过 2 年。

 【练习题与思考题】

1. 简述检定浮计的主要内容和影响浮计示值准确度的主要因素。

2. 试述浮计法特点是什么？

3. 为什么在用浮计测定液体密度时，有时必须对浮计示值进行毛细常数修正？如何修正？

4. 用一支分度值为 0.0005g/cm³ 的石油密度计测定酒精水溶液密度，其示值为 1.00000g/cm³，该处的修正值为 -0.00005g/cm³，液体温度为 10℃，密度计干管直径为 4mm，质量为 46.150g，求酒精溶液的实际密度。（计算到第五位小数）

5. 用密度为 0.65g/cm³ 的石油醚和密度为 0.90g/cm³ 的柴油来配制密度为 0.82g/cm³ 的矿物油 10L，需多少体积的石油醚和汽油？

6. 当用标准温度为 20℃ 的密度计去测定 45℃ 的某种石油产品混合液时，其读数位于 0.690g/cm³ 这条分度线下 2.7 个格，求液体的实际密度值。（密度计分度值为 0.0005g/cm³。计算到第五位小数）

第五章　黏度计量

黏度是评定石油产品质量的重要指标之一，黏度的准确测量与原油的合理开采及输送、成品油的使用关系非常密切。在国防、交通、电力、机械工业中，燃料及润滑剂的黏度测量对于安全生产及节约能源有重要意义。

第一节　黏　　度

一、黏度基本概念

从宏观上看，黏度就是流体的黏稠程度；从微观上看，流体黏度大小与其分子结构有密切的关系。

黏性是流体反抗剪切形变的特性。流体流动时流层间存在着速度差，快速流层力图加快慢速流层，而慢速流层则力图减慢快速流层，这种相互作用随层间速度的增加而加剧，流体所具有的这种特性就是黏性，流层间的这种力图减小速度差的作用力称为内摩擦力或黏性力。

二、黏度的分类

黏度可分为动力黏度、运动黏度和条件黏度。

1. 动力黏度

定性地说，（动力）黏度是液体对形变的抵抗随形变速率的增加而增加的性质。

定量地说，（动力）黏度是稳态流动中的剪切应力与剪切速率的比值，即流体内摩擦力系数。

$$\eta = \frac{\tau}{D}$$

动力黏度的单位为 Pa·s，中文符号为帕·秒，中文名称为帕斯卡秒。常用其分数单位 dPa·s（分帕·秒）及 mPa·s（毫帕·秒）。

2. 运动黏度

运动黏度是相同温度下的动力黏度与密度的比值。

$$\upsilon = \frac{\eta}{\rho}$$

运动黏度单位为 m²/s，中文符号为米²/秒，中文名称为平方米每秒。常用其分数单位 mm²/s。

运动黏度这个量在实际应用及测量方面有许多方便之处，例如在许多流体力学计算（如雷诺数的计算）中，用 υ 比用 η 更方便；许多条件黏度与运动黏度之间比较容易建立经验换算式——数值方程；利用重力型玻璃毛细管黏度计可以很方便地测得运动黏度。

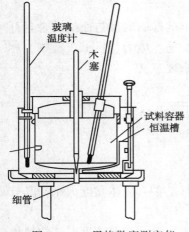

图 5-1-1 恩格勒度测定仪

这里需要指出的是不能用运动黏度来衡量流动阻力的大小（而动力黏度才是流动阻力的度量）。运动黏度是在重力作用下的流动阻力的度量。

3. 条件黏度

如恩格勒度（又称恩氏度），是在试验条件下从恩格勒黏度流出 200mL 试液所需的时间与 20℃下流出同体积蒸馏水的时间之比值，用符号°E 表示，其单位为条件度（图 5-1-1）。恩氏度严格来说并不是黏度量，它与动力和运动黏度理论上无联系，只与运动黏度之间有经验换算式。比如：

$$\upsilon = 7.94°E - 8.22/°E（当°E = 1.2 \sim 4.1）$$

三、黏度与温度的关系

温度升高，液体的黏度减小，当温度变化 1℃液体的黏度变化达百分之几到百分之十几，然而气体的黏度随温度升高而增大。

四、黏度与压力的关系

液体的黏度随压力的增加而增大。每增加 0.1mPa 压力时，黏度增加 0.1%～0.3%，所以在常压下可以不考虑压力对黏度的影响。

第二节　黏度测量方法

测量黏度的仪器称为黏度计。根据黏度计结构的不同，将黏度的测量方法分为六种：毛细管法、落体法、旋转法、振动法、平板法和流出杯法。以下介绍毛细管法、落体法。

一、毛细管法

1. 测量原理（哈根-泊肃叶定律）

19 世纪法国科学家泊肃叶对牛顿流体在毛细管中的流动做了实验研究及理论推导。他首先假设：

（1）流体是不可压缩的；

（2）流体是牛顿流体；

（3）管子足够长、直线状、内径均匀一致；

（4）在管壁处无滑动；

（5）流动为稳定流；

（6）流动为层流。

假设毛细管的半径为 R，长度为 L，毛细管两端的压力差为 p。液体在外力 $\pi R^2 p$ 的作用下在毛细管中作匀速流动，如图5-2-1所示，假设外力（重力）完全用于克服内摩擦力。

则动力黏度为：

$$\eta = \frac{\pi R^4 p}{8QL} = \frac{\pi R^4 p}{8VL}t$$

可得运动黏度为：

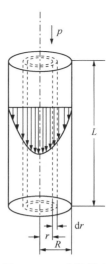

图5-2-1　毛细管内
流体流动状态

$$v = \frac{\eta}{\rho} = \frac{\pi R^4 gh}{8QL} = \frac{\pi R^4 gh}{8VL}t$$

式中　Q——流经毛细管的流量；

　　　　V——在 t 时间内流过毛细管的体积；

　　　　t——V 体积流体的流动时间；

　　　　g——重力加速度；

　　　　h——液柱高度。

2. 动能修正

泊氏公式是建立在外力完全用于克服内摩擦力的假设上的，但实际上一部分外力必须用来做功以转变为管子中流动液体的动能。则经动能修正后的动力黏度、运动黏度为：

$$\eta = \frac{\pi R^4 p}{8QL} - \frac{m\rho Q}{8\pi L} = \frac{\pi R^4 p}{8VL}t - \frac{m\rho V}{8\pi Lt}$$

$$v = \frac{\pi R^4 gh}{8QL} - \frac{mQ}{8\pi L} = \frac{\pi R^4 gh}{8VL}t - \frac{mV}{8\pi Lt}$$

3. 末端修正

末端修正的三个原因是：

（1）当流体流入及流出毛细管时，流束呈收缩或膨胀形状，如图5-2-2所示，流体质点具有径向运动速度，增加了流动阻力，需消耗外力。

（2）由于所谓的助跑距离，即在毛细管入口处，流动并非层流，速度沿半径基本均布。沿流程逐渐达到层流所具有的抛物线分布，如图5-2-3所示。在达到抛物线分布之前的这段距离称为助跑距离，在助跑距离里，流动阻力大于层流区里的流动阻力。

（3）由于流体进入毛细管之前，在入口容器内的流动（即使很慢）需要消耗外力。

上述诸因素均表现出流动阻力的增加，其效果相当于毛细管长度加长 ΔL（$\Delta L = nR$）。因此需要进行末端修正，又称库埃特（Couette）修正。

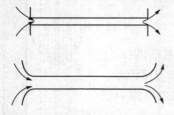

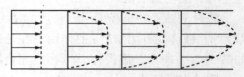

图 5-2-2　毛细管进出口处的流体　　　　图 5-2-3　助跑距离

经末端修正后的哈根-泊肃叶公式为：

$$\eta = \frac{\pi R^4 p}{8Q(L+nR)} - \frac{m\rho Q}{8\pi(L+nR)} = \frac{\pi R^4 p}{8V(L+nR)}t - \frac{m\rho V}{8\pi(L+nR)t}$$

$$v = \frac{\pi R^4 gh}{8Q(L+nR)} - \frac{mQ}{8\pi(L+nR)} = \frac{\pi R^4 gh}{8V(L+nR)}t - \frac{mV}{8\pi(L+nR)t}$$

据报道，n 值变化在 $0\sim1.2$。一般的毛细管黏度计都有足够长的毛细管，使得 $L \geqslant nR$。对于相对测量，nR 包括在仪器常数中，不需作修正。

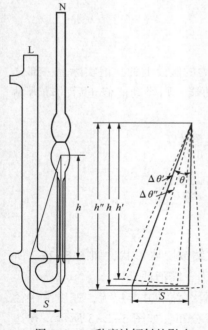

图 5-2-4　黏度计倾斜的影响

4. 毛细管法黏度测定的影响因素

从黏度计常数 C 的表达式知道，如果影响黏度计常数的参数如毛细管半径 R、毛细管长度 L、计时球体积 V、重力加速度 g、液柱高度 h 等发生改变，测出的黏度值就会改变。黏度计倾斜的影响如图 5-2-4 所示。

（1）动能修正的影响：

动能修正方法为：$v = Ct - E/t^2$

$$E = \frac{mV}{8\pi(L+nR)}t$$

式中　C——黏度计常数，mm^2/s^2；

　　　t——体积为 V 的液体流经毛细管的时间，s；

　　　E——动能校正因子，$mm^2 \cdot s$。

动能校正因子 E，与动能修正系数 m 成正比，动能修正系数 m 与毛细管管端形状及流动的雷诺数 Re 有关。

当毛细管管端形状为喇叭口，$m<1$；当毛细管管端形状为平截口，$m=1$；当

毛细管管端形状为缩小口，$m>1$。

m 值一般随着雷诺数的增加而增加。日本科学家用带喇叭口毛细管的黏度计实验得出，$Re>10$ 时，$m\to0$；Re 在 $100\sim1000$，Re 增加 m 增大；$Re\approx1000$ 时 m 最大；$Re>1000$，m 略减小。

由此可见，m 并不是常数，把它当作常数处理是不严格的。为取得较小的 m 值，黏度计的毛细管应具有喇叭口管端，同时流体在管子中的流动时间不能过快。

毛细管法测量黏度是根据哈根—泊肃叶定律进行的。假设：毛细管内径均匀、无弯曲、足够长；流体是牛顿流体且不可压缩；管壁处流体不滑动；流体的流动是层流。在此基础上经过动能修正、末端修正后得到运动黏度的计算公式：$v=Ct-E/t^2$。

如果选择 t 和 C 足够大，使公式中的 $E/t^2\ll Ct$，则得到

$$v=Ct$$

从黏度计常数 C 的表达式知道，一支黏度计常数大小与毛细管半径 R、毛细管长度 L、计时球体积 V 有关。其中 C 随 R 的四次方变化，因此 R 的影响最大。在统一规定计时球体积和毛细管长度后，只要改变毛细管内径，便可加工出常数不等的一个系列的黏度计，从而满足从 $1mm^2/s$ 到 $10^5mm^2/s$ 的液体黏度的测量。

（2）重力加速度的影响：

重力加速度 g，是与地球的纬度及海拔高度有关的量，所以地点不同 g 不同，在不同地点黏度计常数也不相同，因此应进行重力加速度修正（在 g 大的地点测得的流动时间 t 会偏小，如果不修正，所得的黏度 v 就偏小，在 g 小的地点测定结果则相反）。其修正式为

$$C_u=C_c\times\frac{g_u}{g_c}=\frac{\pi R^4 g_u h}{8VL}$$

式中的脚注 u 及 c 分别表示黏度计使用地点及检定地点的符号。

（3）不同试验温度与检定温度的玻璃热膨胀的影响：

如果黏度计的检定温度与使用温度不同，由于玻璃的热胀冷缩，黏度计尺寸会略有变化，并导致黏度计常数的变化，影响黏度测量。

（4）装液量不准确的影响：

如果由于操作不熟练引起装液体积的变化，也会影响黏度测量。

（5）黏度计不垂直的影响：

如果黏度计安装时未能使毛细管垂直，将引起有效液柱高度改变，也会影响黏度测量。

5. 毛细管法黏度测定的主要仪器

毛细管法黏度测定的主要仪器有：毛细管黏度计、恒温槽、精密水银温度计和计时器。

毛细管黏度计都是用玻璃制作的，通常称为玻璃毛细管运动黏度计。其中平氏黏度计、乌氏黏度计、逆流黏度计和芬氏黏度计的结构如图 5-2-5 所示。平

氏黏度计，又称为平开维奇黏度计，应用最广；乌氏黏度计又称为乌别洛特黏度计，主要用于标准黏度液的定值；而逆流黏度计主要用于深色石油产品的测量；芬氏黏度计又称为坎家-芬斯克黏度计。

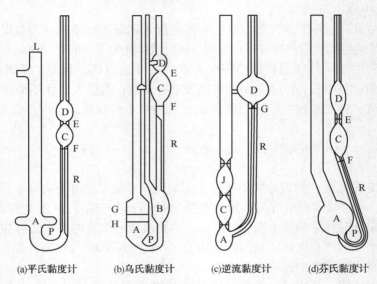

(a)平氏黏度计   (b)乌氏黏度计   (c)逆流黏度计   (d)芬氏黏度计

图 5-2-5　毛细管黏度计

A—下储器；B—悬挂水平球；C，J—计时球；D—上储器；E，F—计时标线；
G，H—装液标线；L—夹持管；P—连接管；R—毛细管

恒温槽、精密水银温度计和计时器为毛细管黏度计测量的辅助设备。黏度测量受温度的影响很大，因此必须在恒温条件下进行。用于毛细管黏度计的恒温槽应具有一定的控温准确度和温场均匀性，且槽壁透明，以便计时、读数和调垂直等。

二、落体法

垂直落球式测量黏度是根据斯托克斯（Stokes）定律进行的。当刚性小球在无限广阔的流体中沿容器中心轴线匀速落下时，小球所受到的黏性阻力、小球的重力、小球所受到的浮力达到平衡。经过推导，得到斯托克斯定律：

$$\eta = \frac{gd(\rho_0 - \rho)}{18l}$$

在实际工作中，小球不可能在无限广阔的流体中运动，其运动将受到盛液体的容器壁的影响。因此，必须对公式进行修正。即：

$$\eta = \frac{gd(\rho_0 - \rho)}{18l} \times f_w \times t$$

式中　η——动力黏度，Pa·s；

　　　g——重力加速度，m/s^2；

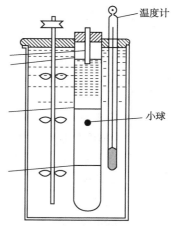

d——小球直径，m；

ρ_0——小球密度，kg/m³；

ρ——流体密度，kg/m³；

l——上、下计时标线之间的距离，m；

f_w——关于容器壁的修正系数，为无量纲量；

t——小球在上、下计时标线之间的落下时间，s。

公式必须在雷诺数 $Re \leqslant l$ 时才成立（此时小球的运动速度很小）。

当相对测量时：

$$\eta = K(\rho_0 - \rho)t$$

垂直落球式黏度计的结构如图 5-2-6 所示。

图 5-2-6　垂直落球式黏度计

第三节　毛细管黏度计检定方法

本节主要介绍 JJG 155《工作毛细管黏度计》。

一、检定原理

1. 用标准黏度液检定

用黏度已知的标准液进行检定。在标准液的定值温度下，标定黏度计常数或黏度计传感系统的常数。这是一种最简单而易于实现的方法，应用也最广。1000号以下的标准液由石油产品组成，保存期为6个月；1000号以上的标准液由硅油或聚异丁烯组成，保存期为1年。

2. 直接比较法

将被检黏度计（只能是毛细管黏度计）与常数相近的标准黏度计置于同一恒温槽中，同时测量同一液体（不是标准液，但必须是牛顿流体）的流动时间，按下式计算被检黏度计的常数 C。

$$C = C_s \frac{t_s}{t}$$

式中　C_s，C——标准与被检黏度计常数；

t_s，t——同一液体在标准与被检黏度计中的流动时间。

用这种方法检定时，恒温槽的控温准确度可大大放宽，测温准确度也无须过高的要求，但用这种方法检定时，工作量几乎加倍，所以这仅仅是一种没有标准液或没有准确的测温、恒温设备时的应急方法。

检定的主要方法为标准黏度液法，即用黏度已知的标准液，在其定值温度下，标定黏度计常数或黏度计传感系统常数的方法，这是一种简单而易于实现的方法。

二、检定条件

1. 检定设备

毛细管黏度计检定的主要设备有恒温槽（温度波动度≤0.01℃）、玻璃液体温度计（分度值≤0.01℃）和计时器（分度值≤0.01s）等。

2. 标准黏度液

标准黏度液按级别可划分为一级标准黏度液和二级标准黏度液，分别简称为一级标准液和二级标准液。

在我国，标准黏度液的牌号通常以20℃时、以 mm²/s 为单位的标准黏度液的运动黏度的标称值来命名的。如，50#标准黏度液表示20℃时其运动黏度标称值为50mm²/s。我国的标准黏度液由 2#、5#、10#、20#、50#、100#、200#、500#、1000#、2000#、5000#、10000#、20000#、50000#、100000# 共 15 个牌号组成。

在我国，2#~500#的标准黏度液由精制石油产品组成，见表 5-3-1；1000#~100000#的标准黏度液由精制甲基硅油组成，见表 5-3-2。

表 5-3-1　2#~500#标准黏度液的性质与定值条件

标准液牌号	成 分	黏度变化率和有效期	扩展不确定度/%，$k=3$	毛细管内径/mm	流动时间/s
2#	精制石油产品	0.2%/6 个月	0.20	0.45 或 0.55	1118 或 500
5#			0.27	0.55	1250
10#			0.27	0.95	280
20#			0.34	0.95	560
50#			0.34	0.95	1400
100#			0.41	1.75	240
200#			0.41	1.75	480
500#			0.48	2.75	200

表 5-3-2　1000#~100000#标准黏度液的性质与定值条件

标准液牌号	成 分	黏度变化率和有效期	扩展不确定度/%，$k=3$	毛细管内径/mm	流动时间/s
1000#	精制甲基硅油	0.2%/1 年	0.48	2.75	400
2000#			0.55	2.75	800
5000#			0.55	3.89	373

标准液牌号	成 分	黏度变化率和有效期	扩展不确定度/%，$k=3$	毛细管内径/mm	流动时间/s
10000#	精制甲基硅油	0.2%/1年	0.62	5.19	256
20000#			0.62	5.10	512
50000#			0.70	6.90	385
100000#			0.70	6.90	769

说明：标准黏度液必须在有效期内使用。

三、检定方法与步骤

1. 外观检查

毛细管黏度计(见图5-2-5)必须用无色透明的仪器玻璃吹制而成，黏度计的计时球和毛细管部位不得有节点、气泡和柳纹。毛细管必须是直的，不得有观察到的膨大、缩小、不圆和弯曲等不规则现象。黏度计的所有烧接处应均匀圆滑，毛细管两端的烧接处必须呈光滑的喇叭形。环形计时刻线 E、F 应清晰地刻在垂直于管轴的平面上，不得有断线。黏度计上应标明仪器号码、毛细管内径、计时球体积、商标。

2. 检定常数

对不同类型及不同内径的黏度计，根据表5-3-3选取标准液。然后按下述步骤操作。

表5-3-3　在20℃检定毛细管黏度计的标准黏度液牌号

黏度计类型	毛细管直径 d/mm	黏度计常数 C/(mm²/s²)	标准液牌号	流动时间 t/s
平氏黏度计	0.4	0.0017	2#	1116
	0.6	0.0085	2#，5#	235，558
	0.8	0.027	10#，20#	370，740
	1.0	0.065	20#，50#	307，769
	1.2	0.14	50#，100#	357，714
	1.5	0.35	100#，200#	286，572
	2.0	1.0	200#，500#	200，500
	2.5	2.6	1000#，2000#	385，769
	3.0	5.3	2000#，5000#	377，944
	3.5	9.9	2000#，5000#	202，505
	4.0	17	5000#，10000#	294，588
乌氏黏度计	0.24	0.001	2#	2000
	0.36	0.003	2#	666

黏度计类型	毛细管直径 d/mm	黏度计常数 $C/(\text{mm}^2/\text{s}^2)$	标准液牌号	流动时间 t/s
乌氏黏度计	0.46	0.005	2#	400
	0.58	0.01	2#, 5#	200, 500
	0.73	0.03	10#, 20#	333, 666
	0.88	0.05	10#, 20#	200, 400
	1.03	0.1	20#, 50#	200, 500
	1.36	0.3	100#, 200#	333, 666
	1.55	0.5	100#, 200#	200, 400
	1.83	1	200#, 500#	200, 500
	2.43	3	1000#, 2000#	333, 666
	2.75	5	1000#, 2000#	200, 400
	3.27	10	2000#, 5000#	200, 500
	4.32	30	10000#, 20000#	333, 666
	5.20	50	10000#, 20000#	200, 400
	6.25	100	20000#, 50000#	200, 500
逆流黏度计	0.31	0.002	2#	1000
	0.42	0.004	2#	500
	0.54	0.008	2#, 5#	250, 625
	0.63	0.015	5#, 10#	333, 666
	0.78	0.035	10#, 20#	286, 571
	1.02	0.1	20#, 50#	200, 500
	1.26	0.25	50#, 100#	200, 400
	1.48	0.5	100#, 200#	200, 400
	1.88	1.2	500#, 1000#	417, 833
	2.20	2.5	500#, 1000#	200, 400
	3.10	8	2000#, 5000#	250, 625
	4.00	20	5000#, 10000#	250, 500

（1）黏度计的清洗。黏度计必须用洗涤汽油或石油醚、丙酮、酒精等溶剂彻底清洗。若有必要，应用铬酸洗液浸泡 6h 以上，再用自来水洗，最后用蒸馏水涮洗。

（2）干燥。温度最好在 75~85℃，不能超过 120℃。

（3）装液。选取适当的标准液，使流动时间不小于 200s。装液时不能产生断流和气泡。

（4）安装。套上乳胶管，固定在恒温槽中，并使恒温液面高出计时球 20mm 以上。调整垂直。

（5）恒温。恒温时间不得少于 15min，恒温槽温度波动不得大于 ±0.01℃，检定温度可选用 20~35℃ 中任意一点温度，室温与检定温度之差不超过 2℃。注意：标准液是在什么温度下测定的黏度值，用这个标准液来检定工作黏度计常数时必须在同一温度下检定。

（6）测定。从上计时刻线启动秒表到下计时刻线停止秒表，这是一次的测定时间，要重复测定 4 次。

（7）做平行实验。同一支黏度计用不同种标准油重新检定，步骤与上同。

四、数据处理

乌氏、平氏、芬氏黏度计装一次液应重复测定 4 次，取平均值位 t_0，若 t_{max} 与 t_{min} 符合表 5-3-4 的规定，则测量结果取平均值 t；若有一个超差，应作可疑数据弃去，求其余三个的平均值；若有两个超差，此组数据作废，应将黏度计洗净后重测。如还超差，则黏度计不合格。

表 5-3-4　黏度重复性指标

黏度计	平氏、芬氏、乌氏		逆流
常数标称值	≤1mm²/s	>1mm²/s	—
时间重复性	0.2%	0.3%	0.3%
常数重复性	0.3%	0.4%	0.4%

例 5-3-1　用 50 号和 100 号标准液检定编号为 354 号的平氏黏度计的常数，检定温度 20℃，检定结果如下表，求被检计常数。

项　　目	标准液 1 $\nu_1 = 49.28mm^2/s$	标准液 2 $\nu_1 = 99.69mm^2/s$
$t(s)$	329.7	666.2
	329.7	666.6
	329.9	666.4
	329.1	665.4

解：
$$\bar{t}_1 = \frac{(329.7+329.7+329.9+329.1)}{4} = 329.6s$$

时间重复性考察：$\frac{329.9-329.1}{329.6} \times 100\% = 0.24\%$（超差）

舍去 329.1；余 329.7、329.7、329.9，其平均值 = 329.8s

$$\frac{329.9 - 329.7}{329.8} \times 100\% = 0.06\% \text{（合格）}$$

所以 $c_1 = \frac{49.28}{329.8} = 0.1494\text{mm}^2/\text{s}^2$

$$\bar{t}_2 = \frac{(666.2 + 666.6 + 666.4 + 665.4)}{4} = 666.2\text{s}$$

时间重复性考察：$\frac{666.6 - 665.4}{666.2} \times 100\% = 0.18\% \text{（合格）}$

所以 $c_2 = \frac{99.69}{666.2} = 0.1496\text{mm}^2/\text{s}^2$

常数重复性考察：$\bar{c} = \frac{(0.1496 + 0.1494)}{2} = 0.1495\text{mm}^2/\text{s}^2$

$$\left|\frac{c_1 - c_2}{\bar{c}}\right| = \frac{0.1496 - 0.1494}{0.1495} \times 100\% = 0.13\% \text{（合格）}$$

所以，354 号平氏黏度计的常数为 $0.1495\text{mm}^2/\text{s}^2$。

五、注意事项

选择合适的黏度标准液，尽量不用蒸馏水，以防止表面张力的影响；必须保证测定时间大于 200s；尽量使用两种标准液检定。

注意将黏度计调整垂直，以减小倾斜对测量结果的影响。

抽吸标准液时注意控制抽气速度，防止产生气泡。

应在弯月面最低点与计时标线相切的瞬间计时，此时标线前后应重叠。

在检定黏度计常数时不进行重力加速度修正，但在使用黏度计时，当 g_u 与 g_c 之差大于 0.1% 时要修正，即：

$$C_u = C_c \times \frac{g_u}{g_c}$$

式中 g_u——黏度计使用地点的重力加速度；

g_c——黏度计检定地点的重力加速度。

检定结果应保留 4 位有效数字。

六、检定周期

毛细管黏度计的检定周期为 2 年。

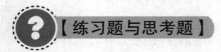【练习题与思考题】

1. 何为黏度？黏度的表示方法有哪些？

2. 影响毛细管黏度计测量的因素有哪些？

3. 请说明用毛细管法测量黏度时需要进行重力加速度修正的原因及修正方法。

4. 说明装液温度低于试验温度时，平氏与逆流毛细管黏度计测得的黏度会有什么变化。

5. 简述标准液法检定毛细管黏度计的主要步骤。

6. 黏度标准液有哪些牌号？

第六章　时　间　计　量

时间计量是研究周期运动或周期现象的特性和量的表征、测量的计量科学。时间与众多科学及工程技术密不可分，更与人们的生产和日常生活密不可分。其量的名称和单位在法定计量单位中应用最广。

第一节　时间及有关概念

时间是个基本量，是个感官无法感知的量，是个转瞬即逝的量，是个不能制造也不能消失的量，是个无始无终、大到无穷、小到无穷的量。"时间"即时间计量，有两个不同的意思：时刻和时间间隔。时刻是物质运动的某一瞬间；时间间隔则是物质运动经历的时段。在时间坐标上，时刻是点，时间间隔是线段。广义上还包括时标、同步和测量等内容。

一、时间尺度

指描述时间的尺度或坐标，又称时间坐标，有时可简称"时标"。坐标的原点又称"历元"。坐标的单位长度为"时间单位"。由于单位长度不同，历元不同，所得到的时间尺度亦不同。任何一个时标都是通过一个时钟，或一组时钟的连续运转来体现的。

1. 世界时(UT)

世界时以地球的自转运动为基础，时刻起算点为 1858 年 11 月 17 日 0 时；时间单位为平太阳秒，等于平太阳日的 1/86400，计量准确度可达 10^{-8}。

2. 历书时(ET)

历书时应用预报太阳、月亮和行星位置的星历表，反过来测定时间，基于地球绕太阳的公转现象。时刻起算点为 1900 年 1 月 0 日世界时 12 时；时间单位为历书秒，等于 1900 年 1 月 0 日世界时 12 时起算的回归年的 1/31556925.974。准确度为 10^{-9}，但具有不均匀性。

3. 原子时(AT)、国际原子时(TAI)

是基于铯-133 原子的量子跃迁频率的高准确和高稳定性而定义的时标。

时刻起算点为 1958 年 1 月 1 日世界时 0 时；

时间单位：原子秒，1s 等于铯-133(Cs133)原子基态的两个超精细能级间跃迁辐射相对应 9192631770 个周期所持续的时间。

1976 年第十三届国际计量大会决定采用，原子频标的建立摆脱了以地球自转为基础的世界时。

准确度：$10^{-14} \sim 10^{-13}$，即 30 万年不差 1s；

国际原子时（TAT）：由美国国家标准局（NBS）、加拿大国家研究院（NRC）及联邦德国物理研究院（PTB）共同给出，于 1975 年正式发布。

4. 协调世界时（UTC）

由于地球的减速，原子时与世界时之间存在差异，世界时比原子时大约每天慢 2.5ms。

由于人们生活及宇航事业与地球的自转密切相关，仍然需要将 AT 与 UT 尽可能接近，所以在 AT 和 UT 之间找一个折中办法，既保持 AT 的均匀性，又反映地球自转的变化，从而产生一个新的协调世界时。

办法：跳秒。即安排在某年某月最后一天的结束时刻，产生"正润秒"和"负润秒"。

举例：1997 年国际时间局（BIH）通告 UTC 时间，在 6 月 30 日 23 时 59 分 59 秒（北京时间 7 月 1 日 7 时 59 分 59 秒）引进一个正润秒，即到时全世界标准时钟均拨慢 1s，这会影响香港回归吗？

二、时刻

指连续流逝的时间的某一瞬间，表征事件何时发生，在时间尺度上用某一点与原点间距离（或长度）来描述。

三、时间间隔

指连续流逝的时间中两个瞬间的距离，表征事件持续了多久，在时间尺度上用两个特定点间的距离（或长度）来描述。

四、时钟

指计时的器具。通常称表或钟（比较小的称"表"，较大的称"钟"）。利用时钟可以指示时间，即能指示时刻和时间间隔。如 8 点钟（指时刻）；25 分钟（指时间间隔）。

五、时区

1. 世界各地统一使用一个标准时间

如果世界各地都用各地的地方时，将给交通和通信带来很大的不方便，如果世界各地统一使用一个标准时间，又不能反映白昼和黑夜的变化，为此，国际上决定实行区时，规定每隔经度 150° 为一个时区，以此把全球分为 24 个时区。

零时区：西经 7.50°~东经 7.50°。

零时区以东划分为东一区~东十二区，相邻时区相差 1h。

零时区以西划分为西一区~西十二区，相邻时区相差 1h。

规定 1800 经线为日期变更线，又称日界线，在日界线以东要加一天，以西要减一天。

2. 世界各地标准时间的换算

如：伦敦时区为零时区(UTC)，相对零时区的时差为 0h，若标准时间为 2 月 1 日 0 时，而北京在东八区，与伦敦时间的时差为八个小时，则为 2 月 1 日 8 时。

第二节　时间计量检定系统表

时间国家计量检定系统表，是由国家计量局于 1987 年 12 月 22 日批准，1988 年 10 月 1 日起施行。其名称为《时间频率计量器具检定系统表》，编号为 JJG 2007—2007，由封面、引言、计量基准器具、计量标准器具、工作计量器具、检定系统框图等部分组成。

一、计量基准器具

计量基准器具按现行术语即为国家计量(测量)标准，是由铯原子束装置和原子时钟构成，复现 SI 单位秒(s)的不确定度为 3×10^{-13}。可通过直接比对和借助电视、卫星等无线电发播手段向用户传递时间频率量值及原子时(TAI)、协调世界时(UTC)、北京地方时(BT)，亦可通过搬运钟传递。

二、计量标准器具

计量标准器具按现行术语即是各计量技术机构的参照标准或工作标准。按频率准确度范围划分为三个等级。一等标准为 10^{-12}~10^{-11} 量级，二等标准为 10^{-10}~10^{-9} 量级，三等标准为 10^{-8}~10^{-7} 量级。各等级间的传递比规定为 1：5，可通过直接比对或接收无线电标准信号比对或搬运钟比对。

三、工作计量器具

频率准确度范围在 10^{-7} 量级以下的都属于工作计量器具，包括石英晶体振荡器、电子计数器、频率合成器、石英钟、电子校表仪、航海天文钟、电秒表、秒表等。工作计量器具必须经过检定合格或校准后方可使用。

四、检定系统

时间频率计量器具检定系统。鉴于时间频率量值可以通过电视、卫星、长波、短波等无线电发播手段传递标准时间和频率,因此,时间频率量值可以不按逐级程序进行检定或校准,即可越级进行。

第三节　秒表检定方法

秒表是一种简单的时间间隔计量器具,分为电子秒表、机械秒表和电动秒表。为保证测量准确性,秒表的走时准确度必须定期检定。目前最新的检定规程为 JJG 237《秒表》。

一、秒表的分类

在油料计量工作中,秒表可按下列方式分类,见图6-3-1。

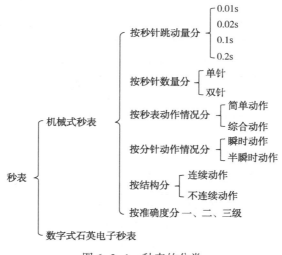

图6-3-1　秒表的分类

二、检定原理

利用标准时间间隔发生器控制机构和秒表夹具构成的秒表装置,完成机械秒表测量误差的检定。

首先将秒表固定在检定装置的夹具上,秒表检定装置输出标准时间间隔信号,驱动执行机构控制秒表的启动、停定,然后读取秒表的实际值,再与标准间隔信号值进行比较。

三、检定项目

机械秒表的检定项目包括:①外观及工作正常性检查;②测量误差的检定。

电子秒表的检定项目包括:①外观及工作正常性检查;②测量误差的检定,

包括日差检定。

机械秒表的受检点：秒度盘的满度值和分度盘的满度值。

机械秒表的检定位置：度盘水平位置和度盘垂直位置。

电子秒表的受检点为 10s、10min、1h 和 1d。

四、性能指标

秒表的最大允许误差见表 6-3-1 和表 6-3-2。

表 6-3-1　电子秒表的最大允许误差

测量间隔	最大允许误差/s
10s	±0.05s
10min	±0.07s
1h	±0.10s
1d	±0.5s(日差)

表 6-3-2　机械秒表的最大允许误差

项　目		最大允许误差/s								
所测时间间隔 （度盘满度值）		2min	4min	15min	30min	60min	3s	6s	30s	60s
等级	分辨力	—	—	—	—	—	—	—	—	—
优等	0.01s	±0.24	—	—	—	—	±0.1	—	—	—
	0.02s	—	±0.3	—	—	—	—	±0.1	—	—
	0.1s	—	—	±0.4	±0.6	—	—	—	±0.2	—
	0.2s	—	—	—	±0.6	±1.2	—	—	—	±0.4
一等	0.1s	—	—	±0.6	±1.0	—	—	—	±0.3	—
	0.2s	—	—	—	±1.0	±1.8	—	—	—	±0.4
合格	0.1s	—	—	±0.8	±1.6	—	—	—	±0.3	—
	0.2s	—	—	—	±1.6	±2.4	—	—	—	±0.4

五、结果计算

1. 机械秒表

利用标准时间间隔发生器控制机构和秒表夹具构成的秒表装置，检定机械秒表的测量误差。

在标准时间间隔 T_0 内由控制机构控制秒表的读数时间，分别对分度盘和秒度盘进行示值比较检定。每个度盘的每次测量读数示值为 T_i，指针回零位后偏离零位值为 Δt_i，用最大测量误差 ΔT_{max} 作为检定结果。

$$\Delta T_{max} = \left| (T_i - \Delta t_i - T_0) \right|_{max}$$

机械秒表检定时还要注意秒表置于夹具时，要在度盘水平放置和垂直放置两种状态下分别进行检定。

例 6-3-1 检定某最小分度值为 0.1s 的机械秒表，结果记录如下，试计算该秒表的测量误差。

检定位置	度盘水平				度盘垂直			
受检时间	30s		15min		30s		15min	
检定次数	零位	示值	零位	示值	零位	示值	零位	示值
1 次	0.00	30.09	0.00	899.95	0.00	30.07	0.00	900.05
2 次	0.00	30.05	0.00	899.89	0.00	30.12	0.00	899.95
3 次	0.00	30.11	0.00	899.90	0.00	30.15	0.00	899.97

解： ① 在度盘水平位置

秒度盘误差 1：（30.09-0.00）-30.00 = 0.09s

秒度盘误差 2：（30.05-0.00）-30.00 = 0.05s

秒度盘误差 3：（30.11-0.00）-30.00 = 0.11s

所以，绝对值最大的测量误差为 0.11s。

分度盘误差 1：（899.95-0.00）-900.00 = -0.05s

分度盘误差 2：（899.89-0.00）-900.00 = -0.11s

分度盘误差 3：（899.90-0.00）-900.00 = -0.10s

所以，绝对值最大的测量误差为 0.11s。

② 在度盘垂直位置

秒度盘误差 1：（30.07-0.00）-30.00 = 0.07s

秒度盘误差 2：（30.12-0.00）-30.00 = 0.12s

秒度盘误差 3：（30.15-0.00）-30.00 = 0.15s

所以，绝对值最大的测量误差为 0.15s。

分度盘误差 1：（900.05-0.00）-900.00 = 0.05s

分度盘误差 2：（899.95-0.00）-900.00 = -0.05s

分度盘误差 3：（899.97-0.00）-900.00 = -0.03s

所以，绝对值最大的测量误差为 0.05s。

2. 电子秒表

测量误差受检点为 10s、10min 和 1h，每点测 3 次，取测量误差的最大值作为该点的测量结果。

测量误差按下列公式计算：

$$\Delta T = T_i - T_0$$

式中　T_i——每次测量值，s；

　　　　T_0——标准时间间隔发生器的给定值，s。

六、注意事项

（1）检定前应认真检查秒表的外观，包括有无影响工作和读数的损伤和腐蚀，机械式秒表的指针是否平直，回零、启动、停止键是否灵活，回零是否准确等。

（2）检定前应先按要求启动秒表试运行一段时间。

（3）秒表检定仪应预热半小时后开始检定。

（4）机械式秒表应分别在字盘向上和上条柄向上两种状态下进行检定。

（5）检定原始记录和检定证书上应使用法定计量单位和符号，过去习惯的时、分、秒符号 hr、′、″等应废除，分别用 h、min、s 代替，如二分四十秒应写成 2min40s。

七、检定周期

机械秒表和电子秒表的检定周期不应超过一年。

【练习题与思考题】

1. 什么是世界时和协调世界时？
2. 什么是历书时？什么是原子时？
3. 是否可以用高一级的机械秒表检定机械秒表？
4. 检定机械秒表有哪几种位置？为什么？

第七章　电导率仪检定

电导率是变压器油、航空燃料、汽油、煤油、柴油、机油等的重要性能指标。为保证电导率仪的准确性和量值统一，建立电导率仪检定或校准装置十分重要。

一、电导及有关概念

1. 电导

电导池中电解质溶液的离子电荷移动时，电流和电势差的比值。

$$G = I/U$$

式中　G——电导，S；

$\quad\quad I$——通过电解质溶液的电流，A；

$\quad\quad U$——电极间的电势差，V。

电阻是电导的倒数，单位是 Ω。

2. 电导率

电解质溶液电导率用以下公式定义。

$$k = j/E$$

式中　k——电导率，S/m；

$\quad\quad j$——电流密度，A/m^2；

$\quad\quad E$——电场强度，V/m。

电阻率是电导率的倒数，单位是欧姆·米（$\Omega \cdot m$）。

3. 电导池常数

电导池常数可由以下公式计算。

$$K_{cell} = l/A$$

式中　K_{cell}——电导池常数，m^{-1}；

$\quad\quad l$——测量电极间的有效距离，m；

$\quad\quad A$——电极间液柱的有效横截面积，m^2。

由于电导池的有效几何参数难以直接测量，一般通过测量电导率准确已知的标准物质的电导，用相对测量方法确定电导池常数。电导池常数、电导与电导率有以下关系：

$$k = K_{cell} G$$

通常电导池常数在一定范围内有恒定的值，超出这个范围，电极极化效应或其他效应可能使电极常数发生变化。

4. 温度系数

温度每变化 1℃，电解质溶液电导率的相对变化。对于电导率大于 $1×10^{-4} S/m$ 的强电解质，温度系数 α 可以近似地用下列公式表示：

$$\alpha = (k-k_R)/[k_R(t-t_R)]$$

式中　k——温度 t 时的电导率；

　　　k_R——参考温度 t_R 时的电导率。

二、电导率仪检定方法

电导率仪应按 JJG 376《电导率仪》进行检定。主要采用标准交流电阻箱输出的标准电导值检定电子单元误差，采用标准温度计和电导率标准溶液检定仪器配套误差。

1. 检定条件

（1）设备条件：

电导率仪的检定设备主要为标准交流电阻箱（0.05 级），以及氯化钾电导率标准溶液（准确度为 0.25%）。其他辅助设备有：电子天平、水银温度计等。

（2）环境条件：

室温应控制在（20±2）℃或（20±5）℃两种范围；标准溶液的温度波动应分别控制在 ±0.05℃、±0.10℃、±0.20℃、±0.30℃ 和 ±0.50℃ 五种范围；相对湿度应控制在 30%~85%。

2. 检定项目（表 7-1-1）

表 7-1-1　电导率仪的检定项目一览表

检定项目	首次检定	后续检定	使用中检验
外观检定	+	+	+
电子单元引用误差	+	+	-
电子单元重复性	+	+	-
仪器重复性	+	+	+
电导池常数示值误差	+	+	-
仪器引用误差	+	+	+
温度示值误差 （没有温度补偿功能的电导率仪，此项免检）	+	+	-
温度系数示值误差 （没有温度补偿功能的电导率仪，此项免检）	+	+	-

注："+"表示应检项目，"-"表示可不检项目。

3. 性能指标(表7-1-2)

表7-1-2 计量性能要求

计量性能		仪器级别							
		0.2	0.5	1.0	1.5	2.0	2.5	3.0	4.0
电子单元检定	电子单元重复性/%FS	0.07	0.17	0.3	0.5	0.7	0.8	1.0	1.3
	电子单元引用误差/%FS	±0.20	±0.50	±1.0	±1.5	±2.0	±2.5	±3.0	±4.0
	电导池常数示值误差/cm^{-1}	±0.003	±0.005	±0.010	±0.010	±0.010	±0.020	±0.020	±0.020
	温度系数示值误差/(%/℃)	±0.05	±0.08	±0.15	±0.15	±0.15	±0-30	±0.30	±0.30
配套检定	温度测量示值误差/℃	±0.2	±0.4	±0.6	±0.8	±1.0	±1.2	±1.5	±2.0
	仪器引用误差/%FS	±0.40	±0.80	±1.5	±0.2	±2.5	±3.0	±3.5	±4.5
	仪器重复性/%FS	0.20	0.40	0.70	1.0	1.2	1.5	1.7	2.2

4. 操作步骤和计算

(1)外观检查:

仪器外表应光洁平整,仪器功能键能正常使用;仪器面板的标识清晰、完整;数字显示仪器的显示应清晰、完整,指针式仪器的指针无阻滞现象。仪器牌标识清晰、完整。

(2)电子单元引用误差:

电子单元检定接线如图7-1-1所示。

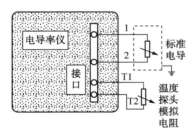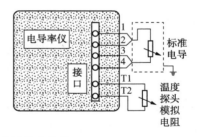

图7-1-1 电子单元检定接线

对于具有电导池常数显示功能的电导率仪,调节电导池常数为参考值$K_{\text{cell R}}$(通常为1.000cm^{-1});对于无电导池常数显示功能的电导率仪,选择与被检量程上限值相等或靠近上限值的标准电导G_s^0作为输入量,调节仪器读数为G_s^0,此时认为电导池常数为1.000cm^{-1}。

接入标准电导G_s,计算相应的标准电导率$k_s = K_{\text{cell R}} G_s^0$,读取对应的仪器测量值$k_M$,按下式计算电子单元引用误差。

$$\frac{\Delta k}{k_F} = \frac{k_M - k_s}{k_F} \times 100\%$$

(3)电子单元重复性:

如图7-1-1所示接线。

接入中量程上任一标准电导 G_s（如 $100\mu S$），计算相应的标准电导率：$k_s = K_{cell\,R}G_s$。

读取电导率仪测量值 k_M。

重复上述操作 6 次，计算 6 次测量值的算术平均值 $\overline{k_M}$，应符合表 7-1-2 规定。以单次测量结果的标准偏差与相应量程上限值的比值评价电子单元重复性。

$$\delta_s = \overline{k_F}\sqrt{\frac{\sum\limits_{i=1}^{6}(k_{Mi}-\overline{k_M})^2}{5}}\times100\%$$

式中　k_{Mi}——第 i 次测量的示值；

　　　k_F——电导率仪被检量程的上限值。

通常每一量程至少检定 3 点，这些检定点在量程范围内应分散分布。

（4）电导池常数示值误差：

按图 7-1-1 所示接线。

接入中量程上任一标准电导 G_s（如 $100\mu S$）。将常数调节器置于 $K_{cell\,R}$，读取电导率仪测定值 k_{MR}。

将电导池常数由 $K_{cell\,R}$ 调节至 $K_{cell\,V}=0.8K_{cell\,R}$ 处，读取电导率仪测量值 k_{MR}，并按下式计算设定电导池常数为 $K_{cell\,V}$ 的示值误差。

$$\Delta K_{cell}=K_{cell}\cdot\frac{k_{MV}}{k_{MR}}-K_{cell\,V}$$

将电导池常数调节为 $K_{cell\,V}=1.2K_{cell\,R}$ 处，按上面步骤计算电导池常数示值误差。没有常数调节功能或常数无法显示的电导率仪，此项免检。

（5）仪器引用误差：

① 电导池常数的校准。

A. 将电子单元与传感器单元连接。调节电导池常数为 $K_{cell\,R}$（一般为 1.000cm^{-1}），温度系数设定为 0.00% 或"不补偿"。

B. 在两个量程内分别选择标准溶液 1 和标准溶液 2，置于温度为 T_R（通常为 $25.0℃$）的恒温槽中。

C. 将传感器单元充分洗涤后放入标准溶液 1 中。达到平衡后，读取电导率仪测量值 k_{M1}，根据下面的公式计算电导池常数 $K_{cell\,1}$；

$$K_{cell\,1}=K_{cell\,R}\times\frac{k_{s1}}{k_{M1}}$$

式中　k_{s1}——标准溶液 1 在参考温度 T_R 下的电导率值。

D. 将被检仪器的传感器单元充分洗涤后放入标准溶液 2 中，平衡后电导率仪测量为 k_{M2}，按照下面的公式计算电导池常数 $K_{cell\,2}$。

$$K_{cell\,2}=K_{cell\,R}\times\frac{k_{s2}}{k_{M2}}$$

式中 k_{s2}——标准溶液 2 在参考温度 T_R 下的电导率值。

重复步骤 C 和步骤 D，测量 3 次，分别计算 3 次测量得到的电导池常数的算术平均值 $\overline{K_{\text{cell 1}}}$ 和 $\overline{K_{\text{cell 2}}}$。

计算 $\overline{K_{\text{cell 1}}}$ 和 $\overline{K_{\text{cell 2}}}$ 平均值作为电导池常数：

$$\overline{K_{\text{cell}}} = \frac{\overline{K_{\text{cell 1}}} + \overline{K_{\text{cell 2}}}}{2}$$

如仪器手册对电导池校准有明确要求，也可按照仪器手册的具体规定进行。

② 仪器引用误差的检定。

调查电导池常数为 $\overline{K_{\text{cell}}}$，其他设置不变，测量标准溶液 1，仪器测量值为 k_{M1}。重复操作并测量 3 次，取其平均 $\overline{k}_{M1}$，按下式计算测量标准溶液 1 时的引用误差。

$$\frac{\Delta k}{k_F} = \frac{\overline{k}_{M1} + k_{s1}}{k_F}$$

仪器设置不变，测量标准溶液 2，得到仪器对标准溶液 2 的测量平均值，并按下式计算测量标准溶液 2 时的引用误差。

$$\frac{\Delta k}{k_F} = \frac{\overline{k}_{M2} + k_{s2}}{k_F}$$

（6）仪器重复性：

重复测量标准溶液 1 或标准溶液 2 共 6 次，按下列公式计算单次测量标准偏差与满量程的比值，表示仪器测量结果重复性。

$$\delta_s = \overline{k}_F \sqrt{\frac{\sum_{i=1}^{6} (k_{Mi} - \overline{k}_M)^2}{5}}$$

式中 k_{Mi}——第 i 次测量的示值；

k_F——电导率仪被检量程的上限值。

5. 检定周期

检定周期一般不超过 1 年。

❓【练习题与思考题】

1. 解释下列名词。

①电导；②电导率；③电导池常数；④温度系数。

2. 试述电导率仪检定项目。

第八章 质量计量

质量与人们的生活息息相关。产品制造、商品交换等领域以及社会生活各个方面，无不涉及质量计量问题。在石油计量领域，质量计量也非常重要，首先，在贸易和油料交接过程中，油料数量要求以质量结算；其次，在油料质量化验中，也会应用到各种各样的质量计量器具。

第一节 质　　量

质量计量，就是借助天平与秤等一类专门测量仪器，采用直接测量或组合测量等实验方法，为求出被测物体和国际千克原器所具有的质量的对应值而进行的一系列的实验工作。

质量计量属于力学计量范畴，是计量领域的重要组成部分，它有三项要素，即衡量仪器、砝码以及衡量方法。

质量是物体的一种重要属性，它表示物体惯性和引力大小的量度。

1. 引力质量的概念

物体都是引力场的源泉，都能产生引力场，也都受引力场的作用。物体的这一属性是通过著名的万有引力定律表现出来的。

万有引力的数学表达式是：

$$F_{21} = -G\frac{m_1 m_2}{r^2} e_0$$

式中　F_{21}——质点 1 对质点 2 的万有引力；

　　　G——万有引力常数，其大小由如何选择 F_{21}、e_0、m_1、m_2 的单位而定；

　m_1，m_2——分别为质点 1 和质点 2 的引力质量，代表两质点各自产生引力场和受引力作用的本领；

　　　r——两质点间的距离；

　　　e_0——方向为从质点 1 指向质点 2 的单位矢量。

式中负号表示 F_{21} 的方向与 P_0 的方向相反，指向质点 1，也就是表示质点 2 受到质点 1 的引力，其方向是指向质点 1 的。

万有引力定律首先由牛顿发现。该定律可以这样叙述：任何两质点之间都存在一种相互的吸引力，该力的方向沿着两质点连线的方向，该力的大小与两质点的引力质量乘积成正比而与它们之间距离的平方成反比。

严格地说，牛顿最初所发现的万有引力定律，只有在物体运动速度很小的情况下是非常精确的；如果物体的运动速度很大时，就需要根据任何信号的传播速度不能大于光速的相对论基本假设进行必要的修正。用爱因斯坦相对论修正后的万有引力定律，是一个比较严谨而可靠的万有引力定律。

2. 惯性质量的概念

物体的另一个属性，就是物体的惯性，也就是物体抵抗外力改变其原有的机械运动的本领，它通过牛顿第二定律表现出来。

牛顿第二定律的数学表达式是：

$$F = K \frac{\mathrm{d}(mv)}{\mathrm{d}t}$$

当 $v \ll c$ 时，可以认为 $\frac{\mathrm{d}m}{\mathrm{d}t} = 0$，则有

$$F = Kma$$

式中　　F——作用于物体上的合外力；

　　　　K——比例系数(它的数值取决于 F、m、a 的单位，如果选择厘米克秒单位制或国际单位制，K 等于 1)；

　　　mv——物体的动量，等于物体的惯性质量与物体运动速度之积；

　　　　m——物体的惯性质量，用来表示物体的惯性大小；

　　　　v——物体的运动速度；

　　　　c——光速；

　　　　a——物体的运动加速度。

物体的动量则是物体的惯性质量与物体运动速度之积。当物体的运动速度远远小于光速的时候，物体加速度的大小与作用在物体上的合外力成正比，与该物体的惯性质量成反比，加速度的方向与所受的合外力方向相同。

在物理中，常常用"惯性质量"来定量表示物体惯性的大小。

这里需要指出的是，在经典力学中所提到的"物体加速度的大小与该物体的惯性质量成反比"并不是由实验获得的结果，而是惯性质量的定义。之所以这样定义是基于这样的实验事实：在任何两物体上施加相同的力，两物体的加速度之比是一个常数，与力的大小无关。

3. 惯性质量和引力质量的区别及等效性

质量是物体很重要的物理属性，但是物体的引力质量和物体惯性质量是在不同实验事实的基础上定义出来的，它们用来度量物体两种不同的性质：引力质量用来度量物体和其他物体相互吸引的性质；惯性质量用来度量物体的惯性大小。所以，从概念上讲，物体的引力质量和物体的惯性质量是不同的，不应混为一谈，它们从不同的角度，反映了物体不同的物理属性。

牛顿曾设计一个实验来直接验证惯性质量和引力质量所表现出的等效性。1909 年，厄缶设计了一种准确度达到十亿分之五的测量引力的仪器。他发现在他的仪器准确度内，相等的惯性质量总受到相等的引力作用。1964 年迪克等人对厄缶实验又有所改进。他们将实验准确度又提高了数百倍，但仍得出相同的结论。

质量一词从物理概念上讲，应区分惯性质量和引力质量，但两者又有深刻的内在联系，等效性的反映绝非偶然。因此，在通常情况下不再进行区分，并统称为质量。

4. 重力和重量

对于我们在地球上的观察者来说，物体的重力是宇宙中所有其他物体的万有引力的合力，与因地球自转而引起的作用在物体上的惯性离心力的矢量和。由于我们所讨论的物体都是在地球表面或在地球表面附近，所以地球对物体的万有引力比宇宙中所有其他物体对该物体的万有引力的合力大得多，以致实际上可以把宇宙所有其他物体对该物体的万有引力的合力忽略不计，而只认为物体的重力，就是地球对该物体的万有引力，与因地球自转而引起的作用在物体上的惯性离心力的矢量和。

物体在重力场中受重力作用。根据牛顿第二定律，自由下落的物体在重力场作用下必将获得加速度，通常把这个加速度称为重力加速度。如果物体加速度已知，那么就可以通过牛顿第二定律把物体的重力求出来。可见，物体的重力就是该物体的质量与重力加速度的乘积。

其数学表达式为：

$$W = mg$$

式中　W——物体的重力；

　　　m——物体的质量；

　　　g——重力加速度。

因而，重力是一种力，它不但有大小，还有方向和作用点，它是一种矢量。

物体所受重力的大小称为重量，是一个标量。

物体的重量就是物体的质量与重力加速度的乘积。其数学表达式为：

$$W = mg$$

式中　W——物体的重量；

　　　m——物体的质量；

　　　g——重力加速度。

物体在地球上不同地点的重量是不同的，其数值随物体所处的地理纬度和海拔高度而变化，它随地理纬度增大而增大。在赤道上重量最小，在两极重量最大。物体的重量还随其海拔高度的增加而减小。

5. 质量和重量的区别

（1）定义不同。

质量是物体所具有的重要的物理属性。在某种情况下，它可以用来度量物体惯性大小；在另一种情况下，它又可以用来度量物体间的相互吸引力。

而重量则表示重力的大小，是一个力——重力的值。也就是说，重量表示地球对物体的万有引力与由地球自转而引起的作用于物体上的惯性离心力的合力的值。物体的重量等于该物体的质量与重力加速度的乘积。

（2）量的变化规律不同。

在经典牛顿力学范围内，即物体的运动速度远远小于光速时，物体的质量是一个恒量，不随时间、地点和环境条件而变。而物体的重量，却随物体所处的地理纬度和海拔高度而变化。在无重力空间的重量等于零。

（3）单位不同。

在国际单位制中，质量是基本单位，单位名称为千克（公斤），单位符号为kg；重量是导出单位，单位名称为牛〔顿〕，单位符号为N。

最后需要指出的是，重量一词由于历史的原因，在人们的日常生活和商品交换中，它往往是质量的代名词，如体重、毛重、净重等。

第二节　衡量方法

衡量方法是指在衡量过程中所采用的衡量原理，使用的衡量器具和比较步骤的方法之总和。

在质量计量工作中，用得最多的是直接衡量法（也称比例衡量法）、替代衡量法（也称波达尔衡量法）、连续替代衡量法（也称门捷列夫衡量法）、交换衡量法（也称高斯衡量法）。

一、直接衡量法

采用这种衡量方法时（见图8-2-1），我们要进行两次"部分称量"，第一次是在天平空载时进行，测定出此时的平衡位置 L_0，第二次是在天平上放被测物体时进行，对于等臂双盘天平来说，就是在一个秤盘上放被测物体（如被检砝码），在另一秤盘上放标准砝码，然后读取此时天平的平衡位置 L_p，则被测物体质量为

$$m_A = m_B + (V_A - V_B)\rho_k \pm (L_p - L_0)e$$

式中　m_A——被测物体质量；

　　　m_B——标准砝码质量；

　　　V_A——被测物体体积；

V_B——标准砝码体积；

ρ_k——空气密度；

L_p——天平放上被测物时的平衡位置；

L_0——天平空载时的平衡位置；

e——天平的分度值，指在秤盘上放上被测物体时所测得的天平分度值，
也可根据载荷的大小，近似用空秤分度值或全量分度值代替；

$\pm$——由砝码放置位置及读数标牌类型决定。

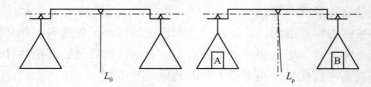

图 8-2-1　直接衡量法

这种衡量方法的称量速度最快，但是准确度不高，没有消除天平的不等臂误差。在该公式中 $(V_A-V_B)\rho_k$ 项为空气浮力修正项。

二、替代衡量法

此方法是由法国科学家波尔达首先提出的，所以后来有人就把这种方法叫波尔达衡量法。

通常简称为替代衡量法。参见图 8-2-2。

具体方法是：把被测物体放在一个秤盘上，在另一个秤盘上放上配衡物，使天平实现平衡，并读取平衡位置 L_A，然后，把被测物从秤盘上取下来，放上相应的标准砝码：使天平仍能在附近实现平衡，设此时所读取的平衡位置为 L_B，则被测物体质量为

$$m_A = m_B + (V_A - V_B)\rho_k \pm (L_A - L_B)\frac{m_r - V_r\rho_k}{|L_{Br} - L_B|} \pm (m_W - V_W\rho_k)$$

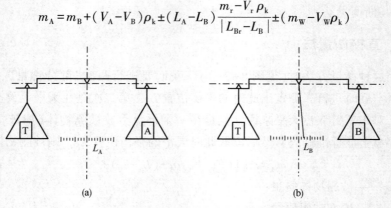

(a)　　　　　　　　　　　(b)

图 8-2-2　替代衡量法

上述衡量方法就是国内常用的替代衡量法，实际上这仅仅是替代法中的一种。也称为"单次替代衡量法"，还有一种叫"双次替代衡量法"。

双次替代衡量法的前三次检定步骤和单次替代衡量法完全相同。检定的第四步骤，是在秤盘上仅留着测分度值小砝码，而以被检砝码替代标准砝码，此时的平衡位置读数为 L_{Ar}，则被检砝码质量为

$$m_A = m_B + (V_A - V_B)\rho_k \pm \frac{(L_A - L_B) + (L_{Ar} - L_{Br})}{2} \frac{m_r - V_r \rho_k}{|L_{Br} - L_B|} \pm (m_W - V_W \rho_k)$$

替代衡量法属于精密衡量法，可以消除不等臂误差影响。

三、连续替代衡量法

因该种衡量法是俄国学者门捷列夫首先提出来的，因此也称为"门捷列夫衡量法"。

门捷列夫衡量法是一种特殊的替代法。采用这种方法进行衡量时，标称值在某一固定的载荷下进行衡量。因此，不论被测物体质量大小，都能在天平的同一灵敏度（或分度值）下进行测定。

具体方法是：

在一个秤盘中放上总重量不大于该天平最大载荷的标准砝码群，并用配衡重物平衡它。读取平衡位置，设为 L_1 后在放着砝码群的秤盘上依次放上被测物体，并同时从秤盘上取下相应的标准砝码，使得每加放一次被测物体都能使天平平衡在原来的（亦即秤盘上全部放上标准砝码群时的）平衡位置附近，每次均读取相应的平衡位置。假设依次命名为 L_2、L_3，最后再用测分度值小砝码测一下天平的分度值，则被测物体的质量为

$$m_{Ai} = m_{Bi} + (V_{Ai} - V_{Bi})\rho_k \pm (L_{i+1} - L_i)e_p \pm (m_W - V_W\rho_k)$$

式中　m_{Ai}——序号为 i 的被测物体的质量；

$\quad\quad m_{Bi}$——序号为 i 的标准砝码的质量；

$\quad\quad L_i$——第 i 次读取的平衡位置；

$\quad\quad L_{i+1}$——第 $i+1$ 次读取的平衡位置；

$\quad\quad e_p$——天平秤盘放上被检砝码群的总合时所测得的天平分度值，其他符号同前。

采用门捷列夫衡量法可以消除不等臂性误差的影响，当检定一组砝码时，这种方法的优点就显现出来了，这种方法检定速度很快。但是，需要注意以下几点：①砝码的总质量不能超过天平的最大称量；②质量值较轻的砝码能否满足准确度要求，如满足不了准确度要求时，应立即更换天平；③不要混淆砝码。

四、交换衡量法

交换衡量法是德国学者高斯首先提出来的，所以这种方法也叫"高斯衡量

法"。交换衡量法也有两种，一种叫单次交换衡量法，另一种叫双次交换衡量法。我国目前主要采用单次交换衡量法。

应用单次交换衡量法时，是把被检物体放在天平的一个秤盘（例如左秤盘）里，把标准砝码放在天平的另一个秤盘（例如右秤盘）里，注意添加或更换标准砝码直到能顺利地读取天平的平衡位置为止，设此时平衡位置的读数为 L_{AB}，然后将两边秤盘中的被测物和标准砝码互换位置，读取此时的平衡位置 L_{BA}（如果从两秤盘中对调砝码和被测物体以后，天平的指针超出了标牌范围，则需在较轻的秤盘里添加标准小砝码 w，使天平能在原来的平衡点 L_{AB} 附近静止下来，把测分度值小砝码 r 加到能使天平的平衡位置更移近天平读数标尺中央的那个秤盘上，读取此时的天平的平衡位置 L_{BAr}。则被测物体的质量为

$$m_A = m_B + (V_A - V_B)\rho_k \pm \frac{L_{BA} - L_{AB}}{2} \frac{m_r - V_r\rho_k}{|L_{BAr} - L_{BA}|} \pm (m_u - V_u\rho_k) + \frac{1}{2}(m_w - V_w\rho_k)$$

式中　L_{AB}——天平的左盘放上被测物体 A，右盘放上标准砝码 B 时的平衡位置读数；

L_{BA}——交换后，天平的右盘放上被测物体 A，左盘放上标准砝码 B 时的平衡位置读数；

L_{BAr}——加放测分度值小砝码后的平衡位置读数；

m_u——在一开始时，为了使天平平衡而添加到 A 盘或 B 盘上的小标准砝码 u 的质量，此后交换过程中，它跟随所在盘的砝码一起交换；

V_u——砝码 u 的体积；

m_w——砝码交换后，为使天平平衡，在较轻的秤盘上所添加的标准小砝码 w 的质量；

V_w——砝码 w 的体积。

其他符号同前。

交换衡量法见图 8-2-3。

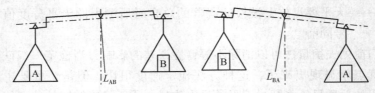

图 8-2-3　交换衡量法

双次交换衡量法的前三个步骤与单次交换衡量法完全相同，第四步骤是不动测分度值小砝码，再把两盘中的标准砝码 B 和被测物体 A 相互交换位置，读取此时的平衡位置 L_{BAr}。则被测物体质量为

$$m_A = m_B + (V_A - V_B)\rho_k \pm \frac{(L_{BA} - L_{AB}) + (L_{BAr} - L_{ABr})}{4} \cdot$$

$$\frac{m_r - V_r \rho_k}{|L_{BAr} - L_{BA}|} \pm (m_u - V_u \rho_k) \pm \frac{1}{2}(m_w - V_w \rho_k)$$

式中，L_{ABr} 为测分度值小砝码不动，秤盘上相互交换标准砝码和被测物体后的平衡位置读数。其他符号同前。

交换衡量法也属于精密衡量法，它可以消除天平不等臂误差对衡量结果的影响。

第三节　机械天平的检定方法

天平不仅是计量部门进行质量量值传递所必需的标准设备，而且还是科研部门进行科学研究及生产部门进行衡量工作所必需的计量仪器。为了确保其性能和使用的可靠性，对使用中的天平进行周期检定和对新生产的天平进行出厂检定都是必不可少的，机械天平主要依据 JJG 98《机械天平》进行检定。

一、天平的分类

天平有多种分类方法，可以按操作方式、结构原理、用途、量值传递范畴和准确度级别划分成不同的类别。

天平按操作方式可分为自动天平和非自动天平。自动天平是指在整个过程中，不需要操作人员介入的天平，非自动天平是指在衡量过程中需要操作人员介入的天平。日常工作中见到的绝大多数天平属于非自动天平。

按结构原理可分为杠杆式天平、扭力天平和电子天平等。

按用途不同可分为标准天平、微量天平、分析天平、工业天平、物理天平、热天平等。

按量值传递可分为标准天平和工作天平两类。标准天平指用于检定传递砝码质量量值的天平；工作天平指除标准天平以外的其他天平。工作天平不得直接用于检定传递砝码的重量量值，但是标准天平在确保砝码质量量值的传递准确度不被破坏的情况下，可临时作为工作天平使用。

天平的结构种类很多，按工作原理可分为：利用杠杆原理制作的杠杆式机械天平、利用弹性变形原理制作的扭力天平、利用液压原理制作的液压天平及利用力-电转换原理制作的电子天平。

按准确度级别可分为特种准确度天平、高准确度天平、中等准确度天平和普通准确度天平。在我国，对杠杆式特种准确度和高准确度机械天平又细分为十小级。

$$准确度等级\begin{cases} Ⅰ类——特种准确度（精细天平）\\ Ⅱ类——高准确度（精密天平）\\ Ⅲ类——中等准确度（商用天平）\\ Ⅳ类——普通准确度（粗糙天平）\end{cases}$$

在我国，对于杠杆式机械天平，在Ⅰ类中，又细分为七小级，即：Ⅰ1级、Ⅰ2级、Ⅰ3级、Ⅰ4级、Ⅰ5级、Ⅰ6级、Ⅰ7级。

在（Ⅱ）类中，又细分为三小级，即：Ⅱ8级、Ⅱ9级、Ⅱ10级。

对（Ⅲ）类杠杆式机械天平不再细分天平的级别。

对于电子天平，目前在我国也暂不细分天平的级别，但使用时必须指出天平的检定标尺分度值 e 和最大称量 Max。

天平的最大称量与检定标尺分度值之比参见表8-3-1。

表8-3-1　天平的分级

准确度等级代码	最大称量与检定标尺分度值之比
Ⅰ1	$1\times10^7\leqslant n$
Ⅰ2	$5\times10^6\leqslant n<1\times10^7$
Ⅰ3	$2\times10^6\leqslant n<5\times10^6$
Ⅰ4	$1\times10^6\leqslant n<2\times10^6$
Ⅰ5	$5\times10^5\leqslant n<1\times10^6$
Ⅰ6	$2\times10^5\leqslant n<5\times10^5$
Ⅰ7	$1\times10^5\leqslant n<2\times10^5$
Ⅱ8	$5\times10^4\leqslant n<1\times10^5$
Ⅱ9	$2\times10^4\leqslant n<5\times10^4$
Ⅲ10	$1\times10^4\leqslant n<2\times10^4$

如我们常用天平 TG328B，Max＝200g，标尺分度值＝0.1mg

$200g/0.1mg=2\times10^6$，符合Ⅰ3级天平。

又如（假设）某天平 Max＝600g，标尺分度值＝0.1mg

$600g/0.1mg=6\times10^6$，符合Ⅰ2级天平。

二、杠杆式机械天平的结构与性能

1. 等臂双盘杠杆天平的结构

等臂双盘杠杆天平分普通标牌天平和微分标牌天平两种，普通标牌天平的结构较为简单，而微分标牌天平的结构较为复杂，但现阶段使用较普遍。由于这两种天平的原理相同，这里主要介绍微分标牌天平。如图8-3-1所示，其主要构成部件及作用如下。

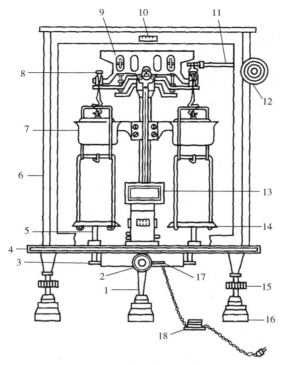

图 8-3-1 等臂双盘杠杆天平结构

1—固定脚；2—开关旋钮；3—盘托翼翅板；4—底板；5—盘托；6—框罩；

7—阻尼器；8—吊耳；9—横梁；10—铭牌；11—机械加码装置；

12—机械加码字盘；13—读数光屏；14—秤盘；15—水平调整脚；

16—防震脚垫；17—调零杆；18—变压器

（1）横梁是天平的主要部件。横梁直接影响天平的计量性能，故有"天平心脏"之称。横梁有矩形、三角形、桁架等几何形状。一般由铝合金或铜合金等制造。横梁上有刀子、刀承、平衡砣、重心砣、指针等。三把刀子是横梁上的关键件，刀子一般选用玛瑙、合成宝石、淬火钢等材料制成。工艺上对刀子的夹角刃部的圆弧半径、光洁度等均有严格要求。

（2）立柱是个空心圆柱体，它主要起横梁的基架作用，天平制动器的升降拉杆穿过立柱空心孔，带动大小拖翼上下运动。

（3）制动系统主要用来制动天平工作，制止横梁及秤盘摆动。它包括开关、升降杆、托盘架、托盘等。

（4）悬挂系统主要起承重作用，它包括秤盘、吊耳、阻尼器等。

（5）外罩主要用来保护天平，防止外界气流、热辐射、温度、尘埃等的直接影响。

（6）光学读数系统的作用是通过光学放大，把读数微分标尺放大以便提高读数准确度。

（7）机械加码装置主要用来自动加卸砝码，由加码字盘、操纵杆、组合凸轮、齿轮、加码杆等组成。

2. 机械天平的四大计量特性概念

一台合格的天平，应具备稳定性、正确性、示值重复性和灵敏性。

天平的稳定性是指天平在受到扰动后，能够自动回到它们的初始平衡位置的能力。

天平的正确性是指横梁的左右两臂具有正确固定的比值。对于单盘天平或电子天平来说，主要是指天平在不同载荷下所能控制线性偏差在规定范围内的能力。等臂天平的正确性，用"横梁不等臂性误差"表示。

天平的示值重复性是指天平在相同条件下对同一物体连续重复称量，各次所得称量结果的一致性程度。

天平的灵敏性是指天平观察出放在秤盘上的物体质量改变量的能力，也就是指天平指针尖端的线位移或角位移与其产生位移质量之比。天平的灵敏度有四种表示方式：

（1）天平的角灵敏度（E_a）：

天平指针的角位移与在某一称量盘中所添加的小砝码的质量 p 的比叫天平的角灵敏度。

$$E_a = \frac{a}{p}$$

（2）天平的线灵敏度（E_1）：

天平指针沿标牌所做的线位移 $n\lambda$ 与在某一称量盘上所添加的小砝码质量 p 的比叫天平的线灵敏度。

$$E_1 = \frac{n\lambda}{p}$$

（3）天平的分度灵敏度（E_n）：

天平指针沿标牌移动的分度数 n 与在某一称量盘上所添加的小砝码质量 p 的比叫天平的分度灵敏度。

$$E_n = \frac{n}{p}$$

（4）天平的分度值（e）：

在天平某一称量盘上添加的小砝码的质量 p 与天平指针沿标牌移动的分度数 n 的比叫天平的分度值。

$$e = p/n$$

天平的各灵敏度与分度值之间的关系为：

$$E_a = \frac{E_1}{L} = \frac{E_n}{f} = \frac{1}{fe}$$

$$E_1 = LE_a = \lambda E_n = 1/\lambda e$$

$$E_n = fE_a = E_1/\lambda = 1/e$$

$$e = \frac{1}{fE_a} = \frac{\lambda}{E_1} = \frac{1}{E_n}$$

式中，$f = L/\lambda$，为设计常数。

三、机械天平的检定方法

1. 检定设备

主要检定设备为一组相应等级的标准砝码，该砝码的扩展不确定度不得大于被检天平在该载荷下最大允许误差的1/3。

2. 检定项目和计量性能

机械天平的检定项目有：（1）天平的检定标尺分度值（e）及其误差；（2）天平的横梁不等臂性误差（y）；（3）天平的示值重复性误差（Δo，Δp）；（4）游码标尺、链码标尺称量误差；（5）机械挂砝码的组合误差等。

但由于天平的具体结构各不相同，故不一定每台天平这些项目都检定。如对于无游码或链条标尺的天平，不检定第（4）项；无机械挂砝码的天平，不检定第（5）项；只作标准用的天平，可以不检定第（5）项，总之有几项检几项。各级天平的计量性能及机械挂砝码组合误差的允许误差指标应符合表8-3-2和表8-3-3。

表8-3-2　机械天平的最大允许误差

准确性级别	示值变动性	分度值误差（分度）				横梁不等臂性误差（分度）				游码或链码标尺称量误差
		阻尼微分标尺		普通标尺天平		阻尼微分标尺		普通标尺天平		
		空秤与全秤之差		左盘与右盘之差	空秤与全秤之差	左盘与右盘之差	新生产、修理后	使用中	新生产、修理后	使用中	
		新生产、修理后	使用中	新生产、修理后、使用中	新生产、修理后、使用中						
（Ⅰ）1~（Ⅰ）3	1	空秤±1，全秤+2/-1	空秤+1/-2，全秤±2	2	$\frac{1}{8}$	±3	±9	±3	±6	1
（Ⅰ）4~（Ⅰ）7					$\frac{1}{5}$					
（Ⅱ）8~（Ⅱ）10					$\frac{1}{3}$					

表 8-3-3　机械挂砝码组合最大允许误差

检定标尺分度值/mg	挂砝码组合最大允许误差（分度）		
	毫克组	克组	全量
$1 \leqslant e$	±1	±1	±1
$0.2 \leqslant e < 1$	±1	±2	±2
$0.05 \leqslant e < 0.2$	±2	±5	±5
$0.01 \leqslant e < 0.05$	±3	±5	±5
$e < 0.01$	±5	±8	±8

3. 天平的检定步骤

（1）通用计量要求的检查。

以目力查看和手动检查的方式查看天平的通用技术要求是否符合相应的规定。

（2）天平平衡位置的计算。

检定天平时，具有阻尼器的微分尺、普通标尺或数字标尺以 1 次读数作为天平的平衡位置。

（3）检定分度值及其误差、天平的横梁不等臂性误差和示值重复性的检定。

检定步骤一共 17 步，当进行天平的首次检定、后续检定和使用中检查时，Ⅰ1～Ⅰ3 级天平的检定按表中 1～17 步进行，Ⅰ4～Ⅰ7 级天平的检定按表中 1～13 步进行，Ⅱ8～Ⅱ10 级天平的检定按表中 1～11 步进行。

例 8-3-1　今有一使用中具有微分标尺的阻尼杆杆式等臂天平，最大称量 200g，标尺分度值 0.1mg，检定原始记录如下表，试计算天平属几级；天平分度值（用分度表示，天平分度值有效数字计算到小数后第四位）；天平不等臂性误差（用分度表示）；天平示值重复性，并判断各计量性能是否超差。

观测顺序	秤盘上的载荷		读数				平衡位置 I	备注
	左盘	右盘	i_1	i_2	i_3	i_4		
1	0	0					0.0	m_{P_1}、$m_{P_2} = 200g$
2	r	0					99.3	$m_r^* = 10mg$
3	P_1	P_2					3.3	$m_k^* = 2mg$
4	$P_2(+k)$	$P_1(+k)$					2.1	测四角时，砝码放置在距
5	$P_2(+k)+r$	$P_1(+k)$					99.8	称量盘中心 $R/3$ 处，R 为秤盘有效称量区域的半径。
6	0	0					0.0	

观测顺序	秤盘上的载荷		读数				平衡位置 I	备注
	左盘	右盘	i_1	i_2	i_3	i_4		
7	0	r					−99.4	
8	P_1	P_2					3.8	
9	P_1	P_2+r					−93.1	m_{P_1}、$m_{P_2}=200g$
10	0	0					0.5	
11	P_1(前)	P_2(后)					4.2	$m_r^*=10mg$
12	0	0					0.8	$m_k^*=2mg$
13	P_1(后)	P_2(前)					3.5	测四角时,砝码放置在距
14	0	0					−0.1	称量盘中心 R/3 处,R 为秤盘
15	P_1(左)	P_2(右)					3.0	有效称量区域的半径。
16	0	0					0.3	
17	P_1(右)	P_2(左)					3.2	

表中 P_1、P_2(左)相当于天平最大称量的一对标称值相同的砝码;k 为交换等量砝码之后在较轻的秤盘上所添加的标准小砝码;m_r^* 为测定天平检定分度值所选用的标准小砝码 r 的折算质量值;m_k^* 为交换等量砝码之后在较轻的秤盘上所添加的标准小砝码 k 的折算质量值。

天平属于 Ⓘ 3 级:

$$n=\frac{200g}{0.1mg}=2\times10^{-6}$$

按规程规定天平 $2\times10^6\leqslant n<5\times10^6$ 定为 Ⓘ 3 级,故此天平为 Ⓘ 3 级天平。

天平分度值(mg/分度):

空秤左盘分度值 $e_{01}=\dfrac{m_r^*}{|I_2-I_1|}=\dfrac{10.000}{99.3}=0.1007$

空秤右盘分度值 $e_{02}=\dfrac{m_r^*}{|I_7-I_6|}=\dfrac{10.000}{99.4}=0.1006$

空秤天平分度值 $e_0=\dfrac{1}{2}(e_{01}+e_{02})=0.1006$

全称量左盘分度值 $e_{P_1}=\dfrac{m_r^*}{|I_5-I_4|}=\dfrac{10.000}{97.7}=0.1024$

全称量右盘分度值 $e_{P_2}=\dfrac{m_r^*}{|I_9-I_8|}=\dfrac{10.000}{96.9}=0.1032$

全称量天平分度值 $e_P=\dfrac{1}{2}(e_{P_1}+e_{P_2})=0.1028$

天平的检定分度值误差（以分度计算）：

空秤左盘分度值误差

$$\Delta N_{01} = |I_2 - I_1| - \frac{m_r^*}{e_{\text{标}}} = |99.3 - 0.0| - 100 = 99.3 - 100 = -0.7$$

空秤右盘分度值误差

$$\Delta N_{02} = |I_7 - I_6| - \frac{m_r^*}{e_{\text{标}}} = |-99.4 - 0.0| - 100 = 99.4 - 100 = -0.6$$

空秤时分别在左右盘上测得的分度值误差之差

$$\Delta N_{012} = |(|I_2 - I_1|) - (|I_7 - I_6|)| = |99.3 - 99.4| = 0.1$$

全称量左盘分度值误差

$$\Delta N_{P_1} = |I_5 - I_4| - \frac{m_r^*}{e_{\text{标}}} = |99.8 - 2.1| - 100 = 97.7 - 100 = -2.3$$

全称量右盘分度值误差

$$\Delta N_{P_2} = |I_9 - I_8| - \frac{m_r^*}{e_{\text{标}}} = |-93.1 - 3.8| - 100 = 96.9 - 100 = -3.1$$

全称量时分别在左右盘上测得的分度值误差之差

$$\Delta N_{P_{12}} = |(|I_5 - I_4|) - (|I_9 - I_8|)| = |97.7 - 96.8| = 0.8$$

根据规程对分度值误差的规定，要求使用中的天平的空秤与全载，左盘与右盘分度值误差控制在±2以内，则该全载分度值超差，其他小项未超差。

天平不等臂性误差：

$$Y = \pm \frac{m_k^*}{2e_P} \pm \left(\frac{I_3 + I_4}{2} - \frac{I_1 + I_6}{2} \right)$$

$$= -\frac{2.000}{2 \times 0.1028} - \left(\frac{3.3 + 2.1}{2} - 0.0 \right)$$

$$= -12.4 \text{ 分度（左臂长）}$$

由于小砝码 k 加在右盘，第一个±号取负；I_2 相对 I_1 代数值增大，第二个±号取负。

规程规定不等臂性误差不大于±9个分度，故此天平不等臂性超差。

天平示值重复性：

$$\Delta_0 = I_0(\text{最大}) - I_0(\text{最小}) = 0.8 - (-0.1) = 0.9 \text{ 分度}$$

$$\Delta_P = I_P(\text{最大}) - I_P(\text{最小}) = 4.2 - 3.0 = 1.2 \text{ 分度}$$

根据规程要求示值重复性不大于1个分度，故此天平全载示值重复性超差。

（4）检定机械挂砝码组合误差：

机械挂砝码的检定步骤见表8-3-4。

表 8-3-4　机械挂砝码组合误差的检定程序

观测顺序	挂砝码组合的标称值	标准砝码修正值 K_{Bj}/mg	天平示值 I_j（分度）	空秤天平的平均平衡位置 I_0（分度）	挂砝码组合的修正值
1	0mg				
2	1mg				
3	2mg				
4	3mg				
5	4mg				
6	5mg				
7	6mg				
8	7mg				
9	8mg				
10	9mg				
11	0mg				
12	10mg				
…	…				
20	90mg				
21	0mg				
22	100mg				
…	…				
30	900mg				
31	0g				
…	…				
40	9g				
41	0g				
…	…				
50	90g				
51	0g				
52	100g				
53	200g				
54	0g				

注：根据机械挂砝码=装置中各挂砝码的组合方式，允许做适当的简化检定处理。例如，对于组合方式为 1、1、2、5 形式的机械挂砝码，允许在每一个数量级内，只检定标称值的头一个数值为 1、2、3（或 4）、5、9 所对应的各组挂砝码。

四、检定注意事项

（1）天平应处于水平状态，天平平衡位置为零。

（2）检定不能中途停止，否则应重新开始。

（3）天平经过调修应停放一段时间后才能进行检定。（Ⅰ）3 级以上天平没动过刀子应该停放 2~3h，动过刀子的天平应该停放 48h；（Ⅰ）4 级以上的天平则应分别停放 1~2h 和 24h。

五、检定周期

天平的检定周期依据具体使用情况确定，一般不超过 1 年。天平在搬动后必须重新进行检定。

第四节　电子天平的检定方法

利用电磁力平衡重力原理制成的天平称为电子天平。随着实验室应用越来越普遍，其测量的准确性、可靠性也越来越重要。电子天平的检定应遵循 JJG 1036《电子天平》规定。

一、有关术语

实际分度值"d"——两相邻示值之间的差值。

检定分度值"e"——用于划分天平级别与进行计量检定的，以质量单位表示的值。

检定分度值"e"由检定厂家根据规程表决定。

检定标尺分度值 e 与实际标尺分度值 d 的关系：$d \leqslant e \leqslant 10d$。

二、检定项目和性能指标

电子天平的主要检定项目有：外观检查、偏载误差、重复性、示值误差置零准确度和除皮称量。其最大允许误差不得超过表 8-4-1 的规定。

表 8-4-1　最大允许误差

最大允许误差	载荷 m（以检定分度值 e 表示）			
	Ⅰ	Ⅱ	Ⅲ	Ⅳ
±0.5e	$0 \leqslant m \leqslant 5 \times 10^4$	$0 \leqslant m \leqslant 5 \times 10^3$	$0 \leqslant m \leqslant 5 \times 10^2$	$0 \leqslant m \leqslant 50$
±1.0e	$5 \times 10^4 < m \leqslant 2 \times 10^5$	$5 \times 10^3 < m \leqslant 2 \times 10^4$	$5 \times 10^2 < m \leqslant 2 \times 10^3$	$50 < m \leqslant 2 \times 10^2$
±1.5e	$2 \times 10^5 < m$	$2 \times 10^4 < m \leqslant 1 \times 10^5$	$2 \times 10^2 < m \leqslant 1 \times 10^3$	$2 \times 10^2 < m \leqslant 1 \times 10^3$

三、检定设备

主要检定设备为一组相应等级的标准砝码，该砝码的扩展不确定度不得大于被检天平在该载荷下的最大允许误差（MPE）的 1/3。

四、检定步骤与结果计算

（1）检定前的准备。将天平放置于一水平稳固的平台上，调整到水平位置；接通电源，进行预热。

（2）外观检查。外观检查的主要内容为：计量特征的检查，包括准确度等级、最小称量 Min、最大称量 Max、检定分度值 e、实际分度值 d 等；电子天平标记的检查，以及使用条件和地点是否合适等。

（3）偏载误差：检查同一载荷在不同位置的示值误差（图 8-4-1）。

图 8-4-1　偏载区域

试验载荷是不小于 $\frac{1}{3}$ 最大称量的砝码优选个数较少的砝码。

载荷在不同位置的示值修正误差应不超过相应载荷最大允许误差的要求。

例 8-4-1　今有一台工作用电子天平，最大称量为 200g，最小分度值 $d=0.1$mg，检定分度值 $e=1$mg。在 60g 时所测得的偏载误差数据如下：

观测顺序	载荷（L）/g	位　置	指示值 I/g
1	60.0000	1	60.0006
2	60.0000	2	60.0002
3	60.0000	3	60.0008
4	60.0000	4	59.9994

试求该天平的示值误差，并判断该天平是否合格。

解：各点示值误差为：

$E_1 = 60.0006 - 60.0001 = 0.0005$g

$E_2 = 60.0002 - 60.0001 = 0.0001$g

$E_3 = 60.0008 - 60.0001 = 0.0007$g

$E_4 = 59.9994 - 60.0001 = -0.0007$g

以上误差均小于 0.001g（1 个 e）。故该天平合格。

（4）重复性误差：检查同一载荷多次测量结果的差值。

例 8-4-2 已知一台天平在空载时测得的十次示值读数为：+0.0004、+0.0003、-0.0003、0.0000、-0.0003、0.0000、+0.0001、0.0000、+0.0009、-0.0009mg，试求该天平空载时的重复性为多少，要求用极差法和标准偏差法计算。该天平 $e=0.001$mg，要求判断是否超差。

解：用极差法计算时：

$$\Delta_0 = +0.0004 - (-0.0009) = 0.0013 (\text{mg})$$

用标准偏差法计算时：

序号	空载测得值/mg	残差/mg	残差平方
1	+0.0004	+0.00056	3.136×10^{-7}
2	+0.0003	+0.00046	2.116×10^{-7}
3	-0.0003	-0.00014	1.96×10^{-7}
4	0.0000	+0.00016	2.56×10^{-8}
5	-0.0003	-0.00014	1.96×10^{-8}
6	0.0000	+0.00016	2.56×10^{-8}
7	+0.0001	+0.00016	2.56×10^{-8}
8	0.0000	+0.00026	6.76×10^{-8}
9	+0.0009	-0.00074	5.476×10^{-7}
10	-0.0009	0.00074	5.476×10^{-7}
$\overline{X}_{平均}$	-0.00016		1.804×10^{-6}

$$s_0 = \sqrt{\dfrac{\sum_{i=1}^{n}(x_i - \overline{x})^2}{n-1}} = 4.477 \times 10^{-4}\text{mg} = 0.00045\text{mg} = 0.0004\text{mg}$$

$$3s_0 = 1.343 \times 10^{-3}\text{mg} = 0.00134\text{mg} = 0.0013\text{mg}$$

可见，无论用极差法或标准偏差法计算，结果都是相近的。

（5）示值误差：各载荷点示值误差不得超过该天平在载荷时的最大允许误差。

测试时，载荷应从零载荷开始，逐渐往上加载，至天平的最大称量，然后逐渐地卸载，直至零载荷为止。

示值误差必须包括以下载荷点：空载、最小称量、最大允许误差转换点所对应的载荷、最大称量。

例 8-4-3 今有一台电子天平，最大称量240g，实际标尺分度值 $d=0.1$mg，检定标尺分度值 $e=1$mg，在检定各载荷点的示值误差时，获得如下数据：

序号	载荷(L)/g	指示值(I)/g	
		↑	↓
1	0	0.0000	0.0003
2	2.0006	2.0007	2.0010
3	5.0001	5.0002	5.0005
4	20.0008	20.0009	20.0011
5	50.0000	50.0002	50.0004
6	80.0009	80.0012	80.0013
7	100.0004	100.0007	100.0008
8	120.0005	120.0008	120.0009
9	160.0007	160.0010	160.0011
10	200.0000	200.0004	200.0004

试求出该天平在不同载荷点的误差，并判定是否超差。

解：各载荷点的示值误差为：

观测顺序	各载荷点的示值误差 $E = I - L$	
	↓ (g)	↑ (g)
1	0.0000	0.0003
2	0.0001	0.0004
3	0.0001	0.0004
4	0.0001	0.0003
5	0.0002	0.0004
6	0.0003	0.0004
7	0.0003	0.0004
8	0.0003	0.0004
9	0.0003	0.0004
10	0.0004	0.0004

因各点示值误差均小于一个 $e = 0.001$g，故各载荷点的承值误差均是合格的。

根据我国 JJG 98—90《非自动天平（试行）》检定规程规定，该天平的重复性误差的最大允差为 $\pm 0.5e$。即最大允许误差为 0.0005mg，而现在无论是极差法还是标准偏差法，重复性均为 0.0013mg，都大于 0.0005mg，故该天平空载示值的重复性超差，该天平不合格。

例 8-4-4 一台 $e = d = 100$mg 的电子天平，标准砝码的实际质量值为 100.000g，将其放在秤盘上时，天平的指示为 100.0g，在此情况下，逐渐在秤盘上轻缓地添加小的标准砝码，当加到 40.000mg 时，天平的数字指示发生 100.0g

和 100.1g 交替显示的状况，试问将 100g 标准砝码放在秤盘上时的天平示值误差为多少？

解：该天平在 100g 标准砝码放在秤盘上时的示值误差为

$$E = I - m + \frac{1}{2}e - \Delta m$$

$$= 100.1 - 100.00 + 0.05 - 0.04$$

$$= 0.11g$$

答：该天平在 100g 载荷下示值误差为 +0.11g。

（6）置零准确度：

a. 自动置零装置，零点跟踪装置运行状态下。

当 $d > 0.2e$ 时，按下置零键，待天平出现稳定符号提示后，向天平称量盘上加放小砝码，读取天平示值 I 后，逐一加放 $0.1e$ 的砝码直至示值变化到 $I+e$，按下式计算的误差，即为置零误差。

$$E = P - L = I + \frac{1}{2}e - \Delta L - L$$

b. 自动置零装置，零点跟踪装置关闭状态下。

当 $d > 0.2e$ 时，按下置零键，待天平出现稳定符号提示后，读取天平示值 I 后，逐一加放 $0.1e$ 的砝码直至示值变化到 $I+e$，按上述公式计算出置零误差。

当 $d \leq 0.2e$ 时，按下置零键，待天平出现稳定符号提示后，读取天平示值 I，按下述公式计算出置零误差。

$$E = I - L$$

（7）除皮称量。

选择 $\frac{1}{3}$ 最大称量 ~ $\frac{1}{3}$ 最大称量的除皮载荷。

除皮检定时，载荷应从零点开始，逐渐地往上加载，直至加到天平的最大称量减除皮载荷，然后逐渐地卸下载荷，直到零点为止。

试验载荷必须包括下述载荷点：

——零点或零点附近

——最小称量

——最大允许误差转换点所对应的载荷

——最大称量减除皮载荷

无论加载或卸载，应保证有足够的测量点，不得少于 5 点。

五、检定注意事项

（1）电子天平在检定前应预热半小时以上；

（2）在进行电子天平各载荷点最大允许误差的检定前，应调好零位，并校准天平；

（3）检定天平的灵敏度时，在取放砝码时应有微小的冲击，以消除鉴别力的影响，而在检定天平的鉴别力时，必须轻缓地取放砝码；

（4）注意区分电子天平的实际标尺分度值（d）和检定标尺分度值（e）；

（5）外校电子天平时一般要用修正值很小的标准砝码（<1/5MPE），建议不要随便外校，以防带入系统误差。

六、检定周期

电子天平的检定周期一般为一年。

第五节　砝码的检定方法

所谓砝码就是以固定形式复现给定质量的一种"从属的实物量具"，具有其规定的物理和计量学特性，包括：形状、尺寸、材料、表面品质、标称值、最大允许误差等。

一个单个砝码，它可以单独复现某一固定的质量值，对于砝码组，不仅可以单独使用，而且可以在不同的组合下使用，用以复现若干个大小不同的一组质量值。

由于衡量过程在空气中进行，这样砝码在使用过程中总要受到磨损和污染，损失原有的准确度；另外还要承担可能损坏的风险，所以砝码必须定期检定，而且准确度越高的砝码，使用次数也应越少越好。砝码的检定主要依据 JJG 99《砝码》检定规程进行。

一、砝码的分等及最大允许误差

在 JJG 99 中参照国际建议 OIM-R Ⅲ（2004），将砝码分为 E_1、E_2、F_1、F_2、M_1、M_{12}、M_2、M_{23}、M_3 共九个等级，见表 8-5-1。

在表中列出了各等级砝码的标称值范围和相应的最大允许误差。

表 8-5-1　各等级砝码的最大允许误差　　　　　　　　　　　　　　　mg

标称值	E_1	E_2	F_1	F_2	M_1	M_{12}	M_2	M_{23}	M_3
5000kg			25000	80000	250000	500000	800000	1600000	2500000
2000kg			10000	30000	100000	200000	300000	600000	1000000
1000kg		1600	5000	16000	50000	100000	160000	300000	500000
500kg		800	2500	8000	25000	50000	80000	160000	300000

标称值	E_1	E_2	F_1	F_2	M_1	M_{12}	M_2	M_{23}	M_3
200kg		300	1000	3000	10000	20000	30000	60000	100000
100kg		160	500	1600	5000	10000	16000	30000	50000
50kg	25	80	250	800	2500	5000	8000	16000	30000
20kg	10	30	100	300	1000		3000		10000
10kg	5.0	16	50	160	500		1600		5000
5kg	2.5	8.0	25	80	250		800		2500
2kg	1.0	3.0	10	30	100		300		1000
1kg	0.5	1.6	5.0	16	50		160		500
500g	0.25	0.8	2.5	8.0	25		80		250
200g	0.10	0.3	1.0	3.0	10		30		100
100g	0.05	0.16	0.5	1.6	5.0		16		50
50g	0.03	0.10	0.3	1.0	3.0		10		30
20g	0.025	0.08	0.25	0.8	2.5		8.0		25
10g	0.020	0.06	0.20	0.6	2.0		6.0		20
5g	0.016	0.05	0.16	0.5	1.6		5.0		16
2g	0.012	0.04	0.12	0.4	1.2		4.0		12
1g	0.010	0.03	0.10	0.3	1.0		3.0		10
500mg	0.008	0.025	0.08	0.25	0.8		2.5		
200mg	0.006	0.020	0.06	0.20	0.6		2.0		
100mg	0.005	0.016	0.05	0.16	0.5		1.6		
50mg	0.004	0.012	0.04	0.12	0.4				
20mg	0.003	0.008	0.025	0.10	0.3				
10mg	0.003	0.006	0.020	0.08	0.25				
5mg	0.003	0.006	0.020	0.06	0.20				
2mg	0.003	0.006	0.020	0.06	0.20				
1mg	0.003	0.006	0.020	0.06	0.20				

二、砝码结构、形状和材料

1. 砝码的结构

由于砝码是一种从属的实物量具，又是一个单值量具，而一块砝码只有一个固定值，因此它的结构较为简单，只有空心体和实心体之分。实心体是指不带调整腔，由整块实心材料制成。这种砝码在出厂前就要将质量值控制在砝码的质量允差范围内，其质量值比较稳定。空心体是指砝码带有调整腔。这种砝码较易生产，并且在实际使用中，若砝码的质量值超出砝码的质量允差范围还可以进行调整，其缺点是不如实心体砝码稳定，砝码误差较大。

JJG 99 规定，E_1 等级砝码、E_2 等级砝码及各等级毫克组砝码必须做成整块材料的实心体，不得有调整腔。其余各等级砝码可以做成空心体。

国际建议 OIML-R Ⅲ（2004）规定 E_1 等级、E_2 等级、F_1 等级砝码，其他毫克组的砝码，及 1～10g 的 M_2 等级、M_3 等级砝码应用整块材料制成的实心体，不带调整腔。F_2 等级砝码可以用相同材料做成一体或分体砝码。其余砝码可以带调整腔。

2. 砝码的形状

砝码的形状，当其标称值为 20kg 以下时，多为顶部带提钮的直圆柱体。20kg 以上（含 20kg）的砝码可以做成重心低，便于叠放，防止滑落，起吊、搬运方便的形状，多为六面体、圆柱体、六角体等。

毫克组的砝码通常做成片状，并且为夹取方便，将砝码的一个边折成与砝码主平面垂直的折边。JJG 99 规程和国际建议 OIML-R Ⅲ（2004）中片状砝码的边数与砝码的标称值对应关系如下：

三角形对应于 1mg、10mg、100mg、1000mg；

正方形对应于 2mg、20mg、200mg；

五边形对应于 5mg、50mg、500mg。

毫克组砝码除制成片状外，还有制成线状的，因其使用较少，这里就不多介绍了。

3. 砝码的材料

一般来说，制造砝码所用材料应满足以下要求：

（1）稳定性好。应具有稳定的物理、化学性能、不易受外界介质腐蚀的作用。

（2）抗磁性能好。要求材料磁化率低，对磁场作用不敏感。

（3）具有一定硬度，要求坚固耐磨。

（4）内部组织结构紧密，没有空隙，以免吸收和不适时放出蒸汽，影响其稳定性。

（5）材料密度，接近砝码的统一约定密度 8.0g/cm^3。这样在砝码量值传递中，所引入的浮力修正误差最小。

JJG 99 规程中要求，无论用什么材料制成的砝码，均要保证在正常使用条件下，在整个检定周期内，砝码的质量变化不能超过相对应准确度级别的质量允差或检定准确度。

三、砝码的使用与保养

（1）必须保持砝码的整齐清洁，不受腐蚀。

（2）必须保证砝码完好无损。砝码要轻拿、轻放，决不允许撞击在其他物体上。使用镊子、夹叉时，应注意不要划伤砝码表面。移动砝码时，注意选用安全、牢固的砝码盒和包装箱，注意包装箱的防震、防潮。箱体外应标有"小心轻放，请勿倒置"字样。

（3）注意做到不用混砝码。几组砝码同时使用时，应注意所使用的各组砝码的标称值和修正值。应当记住各组砝码的外观和特征，例如颜色、形状、大小、涂层、结构等的区别。应当注意区别哪个砝码是标准砝码，哪个砝码是被检砝码。绝对不可以相互混淆。

（4）严格按检定周期送检。使用中的砝码，必须遵照国家检定规程的规定，按时进行周期检定。砝码的检定证书或其复印件放在砝码盒内，以便使用时查阅。修理后的砝码，必须经计量机关检定合格，出具检定证书或合格印记后才能使用。

（5）高等级砝码使用真空质量值，中等级砝码采用约定质量值，低等级砝码采用标称质量值。

四、砝码的约定质量值

砝码的约定质量，是一种假想的约定砝码的实际质量。即若某一真实砝码能与一个假想的、砝码材料密度为 8000kg/cm^3 的约定砝码，在空气温度为 20°C、空气密度为 1.2kg/cm^3 条件下相互平衡，则该假想的约定砝码的实际质量，就称为真实砝码的约定质量。

这个假想的约定砝码的材料密度 8000kg/m^3 就称为砝码材料的统一约定密度，也称标准砝码的密度参考值。空气密度 1.2kg/m^3（以 $\rho_{1.2}$ 表示）称为空气统一约定密度，或称标准空气密度，亦称空气密度参考值。

显然，砝码的约定质量值，并不是真实砝码本身在真空中所具有的引力质量值，仅当该砝码的材料密度与砝码材料的统一约定密度相等时，这个砝码的约定质量值才会与它的实际质量值相等。因此，我们在进行高准确度衡量时，必须修正，否则将会引入误差，影响衡量的准确度。

在我国砝码检定规程 JJG 99 中规定，取消使用真空质量值，现 E_1 至 M_3 等级砝码均采用折算质量值。

砝码的约定质量值 m^* 与其真空质量值 m 之间的换算关系为

$$m^* = m + (V^* - V)\rho_{1.2} = m\frac{\left(1 - \dfrac{\rho_{1.2}}{\rho}\right)}{\left(1 - \dfrac{\rho_{1.2}}{\rho_{8.0}}\right)}$$

$$m = m^* + (V - V^*)\rho_{1.2} = m^* \frac{\left(1 - \dfrac{\rho_{1.2}}{\rho_{8.0}}\right)}{\left(1 - \dfrac{\rho_{1.2}}{\rho}\right)}$$

式中　ρ——砝码的材料密度，g/cm^3；

　　$\rho_{8.0}$——约定的砝码材料密度，g/cm^3；

　　$\rho_{1.2}$——约定的标准空气密度，$0.0012g/cm^3$；

　　V——砝码的实际体积，cm^3；

　　V^*——砝码材料按统一约定密度计算时的体积，cm^3。

例 8-5-1　若有一个不锈钢 E2 等级砝码，其标称质量为 1kg，真空质量修正值 $[K] = 2.0mg$，求该砝码的约定质量值和约定质量修正值。

解：先求砝码的真空质量值 m。

$m = 1000 + 0.0020 = 1000.00208g$，将不锈钢材料密度 $\rho = 7.85kg/m^3$ 和 m 代入计算公式中，则该砝码的约定质量为

$$m^* = m \frac{1 - \dfrac{0.0012}{7.85}}{0.99985} = 999.9992g$$

折算质量修正值 $[K]^* = 999.9992g - 1000g = -0.8mg$

由上述计算表明，砝码的约定质量值，已不再是该砝码的真空质量值。在这两种质量值之间存在着一个偏离量值。其偏离量值的大小，取决于该砝码的实际密度与统一约定密度之间的差。差值越大，则偏离量值也越大，即采用统一约定密度后砝码的质量值改变越大。因此，砝码材料的统一约定密度值也不是任意选取的。它应当尽可能与应用最广泛的砝码的材料密度值相接近，而又不致偏离其他砝码的密度值太远。这样，才能保证所有砝码的偏离量值不致太大。

五、砝码的检定

砝码的检定方法参照规程 JJG 99，检定砝码需要衡量仪器，检定项目见表 8-5-2。

表 8-5-2　检定项目

需检定的砝码或砝码组	检定	密度 ρ（或）体积 V			表面粗糙度			磁化率			永久磁性			折算质量值 m_c		
	等级	E	F	M	E	F	M	E	F	M	E	F	M	E	F	M
一组中所有的砝码	首次检定	+	+√	√	√	√	√	+	+	-	+	+	+	+	+	+
	后续检定	-	-	-	√	√	√	+	+	-	*	*	*	+	+	+

注：表中"-"表示不进行检定，"+"表示要求检定，"*"表示在怀疑时应重新检定砝码的磁性。

"√"表示仅适用于 F1 等级砝码，不适用于 F2 等级砝码。

在所有的计量技术指标检定之前，需对砝码的外观、材料、标记、砝码盒和铭牌进行目测检查。

1. 检定环境条件

（1）检定实验室不允许有容易觉察的振动和气流，应尽量远离振源和磁源，不得有阳光直射。

（2）温度恒定。E_1 等级、E_2 等级砝码的检定室，温度波动每 4 小时分别不应大于 0.5℃、1℃。F_1 等级、F_2 等级，检定室湿度波动分别不得大于 2℃、3.5℃。其他砝码检定室的温度应相对稳定，室温为常温，温度波动为每 12 小时不大于 5℃。

（3）湿度适中。对 E_1 等级、E_2 等级砝码，检定室的相对湿度范围分别为 40%~60%、30%~70%，湿度波动每 4 小时分别不大于 5%、10%；对 F_1 等级砝码，检定室的相对湿度范围为 30%~70%，湿度波动为每 4h 不大于 15%。

2. 检定方法

砝码的检定采用精密衡量法，即替代衡量法，简称替代法。替代衡量法也分单次替代法、双次替代法和连续替代法。

测量过程中应采用循环方法，被检砝码与一个标准砝码比对时（推荐用于 E 等级砝码和 F 等级砝码），最常用的是 ABBA 和 ABA 循环，因为循环可消除线性漂移对测量结果的影响。其中"A"代表参考标准，"B"代表被检砝码。

（1）单次替代法。

单次替代法的观测步数为四步。

第一步：将标准砝码 A 置于天平的任一盘（比如右盘）中，在另一盘中加放配衡砝码 T，开启天平测定其平衡位置（以 I_{r1} 表示）。

第二步：保留配衡砝码 T，取下标准砝码 A，然后以相同标称值的被检砝码 B 代替。开启天平测定其平衡位置（以 I_t 表示）。若发现此时天平横梁的倾角太大，而无法读数，则应在显示较轻的一盘中添加小标准砝码 w 使之平衡后，再进行测定。

第三步：在显示较轻的一盘中添加测分度值小砝码 m_s，测定其平衡位置（以 I_{t+m_s} 表示）。

第四步：保留配衡砝码 T，取下 m_s 和被检砝码 B，然后以相同标称值的标准砝码 A 代替，测定其平衡位置（以 I_{r2} 表示）。

（2）双次替代法。

双次替代法的观测步骤见规程 JJG 99。

在测定以上各平衡位置时，读数并记录，如表 8-5-3 所示。

表 8-5-3 单次替代法检定砝码记录表

观测顺序	左盘	右盘	读数				平衡位置 I	添加小砝码质量/mg	
			i_1	i_2	i_3	i_4		左盘	右盘
1	T	A					I_{r1}		
2	T	B					I_t		
3	T	B+m_s					I_{t+m_s}		m_s
4	T	A					I_{r2}		

分度值 e，有

$$e = \frac{m_{cs}}{\Delta I_s} = \frac{m_{cs}}{|I_{t+m_s} - I_t|}$$

二等及 F_1 等级以下砝码采用替代法时的约定质量计算公式为：

$$m_t = m_r + (V_r - V_t) \times \rho_a \pm \Delta I \times e \pm m_w$$

$$\Delta I = I_t - \frac{I_{r1} + I_{r2}}{2}$$

式中　m_t——被检砝码的约定质量；

$\quad\quad m_r$——标准砝码的约定质量；

$\quad\quad m_w$——在第二步称量时，为使天平平衡而在较轻的天平盘上添加的小砝码的约定质量；

$\quad\quad \rho_a$——空气密度。

其余符号含义同前。但在计算分度值时，应以该表中带绝对值符号的相差格数作分母，切勿弄错。

平衡位置前正负号(第一个正负号)选取：若在放置被检砝码的一侧天平盘上添加小砝码后，能使天平的平衡位置读数相对于添加前的读数代数值增大时，则平衡位置前取"+"，否则取"-"。

标准小砝码项前(第二个正负号)选取：当标准小砝码加在被检砝码的同一盘中(或者为使标准小砝码与配衡物相平衡，在放配衡物的天平盘里临时添加小砝码时)，则标准小砝码项前取"-"；否则取"+"。

例 8-5-2　已知 F_1 等级标准砝码的质量 $m_r = 50.0004g$，采用单次替代法检定同材质的 M_1 等级砝码 m_t，求 m_B 的实际质量及修正值。

观测顺序	左盘	右盘	平衡位置(分度)	添加小砝码/mg	
				左盘	右盘
1	T	A	$I_{r1} = 0.5$		
2	T	B	$I_t = -2.3$		
3	T	B+m_s	$I_{t+ms} = 48.7$		5mg
4	T	A	$I_{r2} = 0.6$		

解:

天平的分度值:

$$e = \frac{m_{cs}}{|I_{t+m_s} - I_t|} = \frac{5 \times 0.001}{|48.7 - (-2.3)|} = 0.0001\text{mg}$$

$$\Delta I = I_t - \frac{I_{r1} + I_{r2}}{2} = -2.3 - \frac{0.5 + 0.6}{2} = -2.9 \text{ 分度}$$

根据题意,$m_w = 0$,$V_r = V_t$,且平衡位置前取"+"

$$m_t = m_r + (V_r - V_t) \times \rho_a \pm \Delta I \times e \pm m_w = m_r + \Delta I \times e$$
$$= 50.0004 + (-2.9) \times 0.0001 = 50.00011\text{g}$$
$$\Delta m = 50.00011 - 50 = 0.00011\text{g}$$

(3)连续替代法。

检定准确度等级较低的砝码或砝码组,可采用连续替代法,其检定步骤可参见相应的规程。

六、检定注意事项

(1)工作用砝码一般由一人检定一次,规程上规定,具有阻尼器的天平,只需读取一次测定结果作为平衡位置。实际检定时,一般开启一次天平读数不易稳定,也可能出现虚假"平衡"状态,所以建议在检定中读取两次平衡位置,以消除疏忽误差。

(2)计算时注意公式中正负号的选取。

(3)数据处理原则:①读数时应估读到天平标尺分度值的1/10。②天平平衡位置之差有几位数字,则 e 应比其多保留一位小数,但若用计算器(机)处理数据,不受此限制。③各砝码的最终结果(如修正值)所保留的末位数字的位数应与检定规程规定的该砝码的检定准确度一致。

(4)检定砝码时,尤其在检定 5mg 以下小砝码时,要特别小心,以免丢失。

(5)注意标准砝码是否超过检定周期。

(6)各级砝码均采用折算质量值。

(7)原一等砝码按规程 JJG 99 中 E₂ 等级及以下的相应砝码磁性的要求分类;原二等砝码,1g~20kg 不带调整腔的,或单个 20kg 带有调整腔的砝码,按本规程中 F₁ 等级及以下的相应砝码磁性的要求分类;对于带有调整腔的 1g~20kg 成组的原二等砝码,按规程 JJG 99 中 F₂ 等级及以下的相应砝码磁性的要求分类。

七、检定周期

E₁ 等级单个砝码、克组、毫克组、微克组检定周期为 2 年,E₁ 等级公斤组检定周期为 5 年；E_2 等级公斤组、F_1 等级公斤组的实心砝码检定周期为 2 年；其他砝码检定周期均为 1 年。

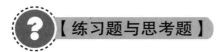【练习题与思考题】

1. 什么是质量计量？质量的国际单位是什么？

2. 试述质量、重量、重力之间的联系与区别。

3. 天平如何按准确度级别划分？机械杠杆天平又被划分为哪十个小级？

4. 天平计量性能主要包括哪些？如何检定和确定？说明杠杆天平各检定步骤的意义。

5. 砝码是如何定义的？说明砝码的检定方法和步骤。

6. 电子天平的检定项目有哪些？

第九章　流量计量

流量计种类很多，其仪表结构、测量原理、使用条件等都各不相同，为了使各类流量计的量值统一，达到一定的测量准确度，必须对新制造和使用中的流量计进行检定。

流量量值传递中，各等级金属标准量器的不确定度分别为：一等标准金属量器（0.005%）、二等标准金属量器（0.025%）、体积管（0.05%）和流量计（0.20%）。

第一节　液体容积式流量计检定

一、流量计技术指标

容积式流量计的检定应依据 JJG 667《液体容积式流量计》检定规程进行。检定流量计的目的是确定其是否合格和量值是否准确。流量计是否合格的衡量标准主要是检验其是否符合技术要求。流量计的技术要求主要包括以下几个方面。

（1）流量计基本误差。流量计准确度等级及最大允差对照如表 9-1-1 所示。

表 9-1-1　流量计准确度等级及最大允差对照表

准确度等级	0.1	0.2	0.5	1.0	1.5
基本误差（E%）	±0.1	±0.2	±0.5	±1.0	±1.5

（2）流量计重复性：流量计的重复性不得超过相应准确度等级规定的最大允许误差绝对值的 1/3。

二、检定方式

（1）按检定地点划分，可分为离线检定和在线检定。

离线检定：是指将被检流量计从工艺管线上拆下，送到指定的检定站进行检定。检定站一般用水（或柴油）作检定液体，使用的检定液体的温度、压力应在规定的范围内，检定时严格控制液体的流动状态，不得断流或者有压力波动及信号的干扰。

在线检定：用标准计量器具对被检流量计在现场进行的检定。

在线检定的优点：

① 在线检定不需要把流量计从工艺管线上拆下。

② 在线检定液体是使用的实际油品，避免了因油品的黏度、压力、温度的差异而造成的误差。

③ 在线检定可以对系统误差通过设置参数加以补正，使总量符合计量误差的要求。

所以在线检定是发展的必然趋势。在线检定用的标准计量器具或标准装置种类很多，一般可分为标准表法、标准罐法、标准体积管法，标准体积管法又分为固定式和载式。

（2）按检定原理划分，可分为容积法、质量法、体积管法和标准表法。

（3）液体容积式流量计的检定项目包括外观检查、示值误差、重复性误差以及密封性检定。

三、检定方法

（1）随机文件及外观检查。

① 流量计应外观良好、密封面应平整不得有损伤。

② 各项标记应正确、明显、清晰。

③ 具有度盘指示机构的保护玻璃不得有气泡、裂纹、明显擦伤等影响读数和外观的缺陷。

④ 具有数字轮的指示机构，其数字应清晰，位置正确，字轮运转正常，不得有卡滞现象。

⑤ 有电气显示的指示机构，其数字和符号应醒目、端正、整齐。

（2）运行前检查：安装、连接、预热、检查参数设置。

（3）将流量计安装到装置上后，流量计在 70%～100% 最大流量下运行 1～5min 后方可进行检定试验。

（4）检定点及检定次数。

① 对准确度等级优于 0.5 级的流量计，其检定点一般不少于 5 个，均匀分布，其中含最小流量点和最大流量点。在检定过程中，每个流量点的每次实际检定流量的偏差应不超过设定流量的 ±5%。

② 对准确度等级 0.5 级及以下的流量计，检定点不少于 3 个，其中应含最小流量和最大流量检定点，且均匀分布。

③ 每个检定点至少检定 3 次。

（5）检定步骤。

① 把流量调到规定的流量点，运行 5min；

② 记录标准器和被检流量计的初始示值；

③ 按装置操作要求运行一段时间后，同时停止标准器（或标准器的记录功

能)和被检流量计(或被检流量计的输出功能);

④ 记录标准器和被检流量计的最终示值;

⑤ 分别计算流量计和标准器记录的累计流量值。

(6) 密封性。

将流量计安装在管路中,在最大试验压力下保持5min,应无渗漏。

下面主要介绍 JJG 667《液体容积式流量计》的在线检定原理。

四、标准表法

1. 工作原理

标准表法流量标准装置检定系统是用准确度较高的流量计作为标准器与被检流量计串联,可采用静态或动态检定方法,通过比较标准器与被检流量计的读数,求得被检流量计误差。

标准表法流量标准装置检定系统如图9-1-1所示。

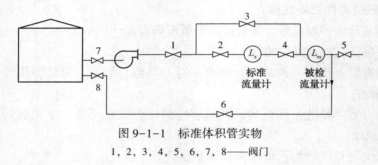

图 9-1-1　标准体积管实物
1,2,3,4,5,6,7,8——阀门

2. 标准表法特点

(1) 标准表法装置适用于各种黏度的液体。

(2) 用于流量计检定时可不切断液流,适用于在线检定。

(3) 容易实现自动化,密闭安全,不污染环境。

(4) 标准表法选择较难,另外其准确度偏低,稳定性差,常需要定期或不定期卸下去检定,以监督其计量性能。

五、容积法

容积法,又称标准罐法,或标准金属量器法。标准金属量器是用不锈钢制成的,大小有不同容积值,其准确度在±(0.01%~0.04%)。最常用于在线检定加油机以及散装油品灌装的流量计。

1. 标准金属量器(标准罐)的结构

标准金属量器结构原理如图9-1-2所示,由量器主体、计量颈、液位计、排液阀(管)和支架等部分组成。整个量器安置在坚固的支架上,支架的三个支脚上有调整水平的螺旋和使量器移动的滚轮。其结构满足以下要求。

（1）器内注液时，被测液体蒸气和空气能完全排出；

（2）可拆开的两体结构，内表面采用涂层的碳钢制造，虽然涂层耐汽油等侵蚀，连续浸泡一个月涂层不发生变化，但常年使用，也许涂层有变，此时标准为可拆开的法兰连接的两体结构就显得更为重要(可重新涂层)；

（3）标准金属量器有导液管装置，一方面可避免加油机喷出的油柱与空气摩擦产生静电；另一方面可避免加油枪喷出的油柱直接撞击液面而产生气泡和泡沫。

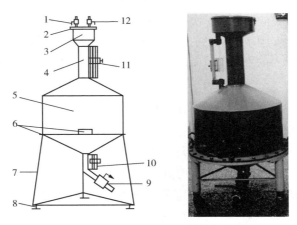

图 9-1-2　标准金属量器结构与实物

1—进液阀；2—法兰盘；3—溢流罩；4—计量颈；5—量器主体；6—长水准仪；7—支架；
8—调平螺旋；9—排液阀；10—下计量颈标尺；11—上计量颈标尺；12—排气阀

2. 工作原理

容积法计量检定系统如图 9-1-3 所示。用泵将检定液体从储液罐泵出，流体通过被检流量计进入标准量器，测量在某一时间间隔内流入的体积，并将该体积值与被检流量计读数进行比较计算，求出被检流量计的误差。

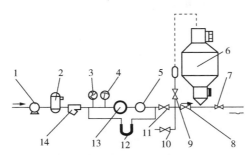

图 9-1-3　容积法流量标准装置

1—泵；2—空气分离器；3—压力表；4—温度计；5—流量指示计；
6—工作量器；7，8，9，10，11—阀；12—差压计；13—被检流量计；14—过滤器

3. 容积法检定容积式流量计

随后检定的流量计应有首次检定证书，并按要求检定一次仪表和二次仪表的外观。检定的条件、检定项目、检定方法步骤见本章第一节。

（1）一般应使流量计在 70%～100%最大流量下至少运行 5min（不具备条件时至少运行 1min）后方可进行基本误差检定。

（2）对准确度等级优于 0.5 级的流量计，检定点不少于 5 个，其中含最小流量和最大流量检定点，这些检定点应均匀分布；对准确度等级 0.5 级及以下的流量计，检定点不少于 3 个，其中也应含最小流量和最大流量检定点，且均匀分布。

（3）每个检定点至少检定 3 次，应分别记录流过流量计的油温 t_m 和流到标准容器内的油温 t_s。必要时还应记录压力、黏度、密度和环境温度等。

（4）读出 t_s 时，标准容器中体积 V_s，并换算为经过温度修正的液体实际体积 V。

$$V = V_s [1 + \beta_s (t_s - 20)]$$

式中　　V_s——标准器读出体积，m^3；

　　　　β_s——标准器的液体膨胀系数，$℃^{-1}$；

　　　　t_s——标准器处液体温度平均值，℃。

（5）将 V 的值换算到流量计检定条件下的累计流量实际值。

$$Q_s = V [1 + \beta (t_m - t_s)][1 - k(p_m - p_s)]$$

式中　　Q_s——被检流量计中实际流出的体积，即将标准器处液体体积值换算到流量计条件下的累计流量值；

　　　　β——液体膨胀系数；

　　　　k——液体压缩系数；

　　t_m，t_s——分别为流量计和标准器处液体温度平均值；

　　p_m，p_s——分别为流量计和标准器处液体表压力平均值。

（6）流量计各检定点各次检定的示值误差计算。

$$\delta_m = \frac{Q_m - Q_s}{Q_s} \times 100\%$$

式中　　Q_m——检定时间内流量计累计流量示值；

　　　　Q_s——标准器的累计流量值。

（7）流量计的基本误差计算。

$$\delta = \sqrt{(\delta_m)_{max}^2 + \delta_s^2}$$

式中　$(\delta_m)_{max}$——各检定点各次检定示值误差的最大值；

　　　　δ_s——装置的误差，若 δ_s 值不超出被检流量计基本误差限的 1/3，可忽略不计。

（8）流量计的重复性计算。

流量计各检定点的重复性按下式计算

$$(\delta_r)_i = \frac{[(\delta_m)_i]_{max} - [(\delta_m)_i]_{min}}{d_n}$$

式中　$[(\delta_m)_i]_{max}$，$[(\delta_m)_i]_{min}$——流量计第 i 检定点的最大示值误差及最小示值误差；

　　　　　　d_n——极差法系数，其值见表 9-1-2。

表 9-1-2　d_n 数值表

测量次数 n	2	3	4	5	6	7	8	9	10
极差法系数 d_n	1.13	1.69	2.06	2.33	2.53	2.70	2.85	2.97	3.08

流量计的重复性按下式确定

$$\delta_r = [(\delta_r)_i]_{max}$$

式中　$[(\delta_r)_i]_{max}$——流量计各检定点重复性中最大值。

例 9-1-1　用容积法检定 0.5 级椭圆齿轮流量计，检定介质为柴油，流量计处的表压小于 1MPa，标准量器材质为不锈钢。根据表 9-1-3 中检定记录，试判断该流量计是否合格？

表 9-1-3　椭圆齿轮流量计检定记录

数据名称	Q_{max}			$60\%Q_{max}$			Q_{min}		
	1	2	3	1	2	3	1	2	3
流量计示值，Q_m/L	1001	1005	1003	999	1002	1010	999	1007	1009
标准罐未经修正的体积值，Q_s/L	999.5	1003.4	1000.5	997.8	1000.5	1009.2	998.2	1005.3	1007.5
标准罐内液温，t_s/℃	12.3	12.4	12.2	12.4	12.5	12.2	12.3	12.1	12.5
流量计内油温，t_m/℃	12.7	12.6	12.6	12.7	12.7	12.5	12.4	12.4	12.3
流量计处的平均表压力，p_m/MPa	0.11	0.11	0.11	0.11	0.11	0.11	0.11	0.11	0.11
标准器处的平均表压力，p_s/MPa	0.10	0.10	0.10	0.10	0.10	0.10	0.10	0.10	0.10

解：

根据　　　　　　$Q_s = V[1 + \beta(t_m - t_s)][1 - k(p_m - p_s)]$

$$V = V_s[1 + \beta_s(t_s - 20)]$$

已知 $\beta_s = 48 \times 10^{-6}℃^{-1}$，$\beta = 9 \times 10^{-4}℃^{-1}$。因 p_m 与 p_s 相差较小，$k(p_m - p_s)$ 可以忽略不计，所以 $Q_s = V_s[1 + \beta_s(t_s - 20)][1 + \beta(t_m - t_s)]$，计算出检定结果，列于表 9-1-4。

表 9-1-4　椭圆齿轮流量计检定结果

流量计示值，Q_m/L	1001	1005	1003	999	1002	1010	999	1007	1009
修正后的标准罐内体积值 $Q_s = V_s [1+\beta_s(t_s-20)]$ $[1+\beta(t_m-t_s)]$ $= V_s \times [1+48 \times 10^{-6}(t_s-20)]$ $[1+9 \times 10^{-4} \times (t_m-t_s)]$	999.49	1003.21	1000.49	997.71	1000.32	1009.09	997.92	1005.19	1006.96
各检定点的示值误差 $\delta_m = \dfrac{Q_m - Q_s}{Q_s} \times 100\%$	0.15%	0.18%	0.25%	0.13%	0.17%	0.09%	0.11%	0.18%	0.20%
各检定点的重复性 δ_r $(\delta_r)_i = \dfrac{[(\delta_m)_i]_{max}-[(\delta_m)_i]_{min}}{d_n}$	(0.25%-0.15%)/1.69 $\approx 0.06\%$			(0.17%-0.09%)/1.69 $\approx 0.05\%$			(0.20%-0.11%)/1.69 $\approx 0.05\%$		
流量计的基本误差 $\delta = \sqrt{(\delta_m)^2_{max}+\delta^2_s}$	0.25%								
流量计的重复性 $\delta_r = [(\delta_r)_i]_{max}$	0.06%								

由检定结果判断，流量计的基本误差为 0.25%，小于 0.5%；重复性为 0.06%，小于 0.18%，因此该椭圆齿轮流量计合格。

4. 容积法特点

（1）准确度高，性能稳定。准确度可达 0.5%~0.1%。

（2）标准量器构造简单，量程范围宽。目前其容量已达到 0.5L~150m³。

（3）标准量器检定周期长，一般为 3~5 年。

（4）分固定式和移动式两种，移动式装置常用于现场实液检定，为我军流量计在线检定的主要方法。

（5）不适用于黏度高、凝固点高和高含蜡的液体。因为黏度高的液体在量器内的残留量很不稳定，可引起较大误差；凝固点高液体在检定现场难以达到保证充分流动的温度条件，使检定工作无法顺利完成，而高含蜡液体易在标准量器内壁结蜡，无法保证检定结果的准确。

六、质量法

1. 工作原理

质量法流量标准装置的计量检定系统如图 9-1-4 所示。在质量法流量标准装置中用秤代替了容积法中的标准计量器。用质量法液体流量标准装置可测量液体的质量，结合时间的测量，得到质量流量。

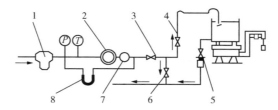

图 9-1-4 质量法流量标准装置的计量检定系统

1—过滤器；2—被检流量计；3, 4, 5, 6—阀；7—流量指示计；8—差压计

2. 质量法特点

（1）准确度高。

（2）适用于黏度较大的液体，不适用于挥发性较大的液体，如汽油。

（3）不适合在线检定，以防风雨影响。

七、体积管法

1. 工作原理

标准体积管流量标准装置是容积法的一种特殊形式。

如图 9-1-5 所示，标准体积管流量标准装置是用内径均匀的一段钢管作标准量器，管内放入和流量一起运动的球（或活塞），测量球在两个检测开关之间运动的时间，两个检测开关之间钢管容积已经过标定，其体积为已知。将体积管测得值与被检流量计数值比较计算，得出被检流量计误差(图 9-1-6、图 9-1-7)。

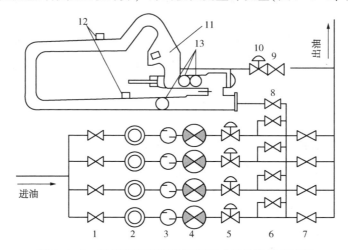

图 9-1-5 用标准体积管检定容积式流量计工艺流程

1—流量计进口阀；2—消气器；3—过滤器；4—流量计；

5—流量计调节阀；6—流量计检定阀；7—流量计出口阀；8—标准体积管进口阀；

9, 10—标准体积管出口阀；11—标准体积管；12—检测开关；13—球

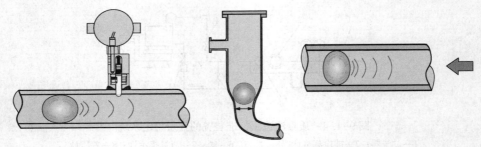

图 9-1-6　标准体积管检测开关、发射腔和检定球运行

图 9-1-7　标准体积管实物

2. 检定方法

（1）试运转结束后，调节流量计出口阀门，使流量达到规定值。

（2）投球，当球触动第一个检测开关时自动开始记录流量计发出的脉冲数。

（3）读取流量计处的温度和压力值，同时读取体积管进口处的温度和压力值。

（4）当球触动第二个检测开关时，自动停止流量计脉冲计数，然后读取脉冲计数器的示值。

（5）将体积管测得的体积值修正为其测得的实际值，然后计算流量计的基本误差和重复性。

由于体积管流量标准装置是容积法流量标准装置的一种特殊形式，所以使用两者对流量计检定，其基本误差和重复性的计算方法完全一致。

3. 体积管法特点

（1）体积小，流量范围大。

目前国产普通体积的标准管段的容积为 0.25~15m³，某流量范围的上限值达 50~3000m³/h，流量范围度达 40:1。

（2）检定时间短，效率高。

最大流量相同的体积管的有效容积仅为其他容积法装置最大标准量器的 1/3 或更小。因此，装置体积较小，一次检定时间大为缩短。

（3）标准容积复现性好。

由于球（或活塞）在体积管内挤刷着管壁，使体积管内表面的液体残留量极小，其影响可忽略不计。

（4）适用于在线检定，易实现自动化，最适合用作密闭管路的计量标准器。

（5）体积管制造技术较复杂，成本高。

标准体积管分固定式和车载式，如果大的石油输转站，流量计台数多，检定次数频繁，可采用固定式。

第二节　加油机检定

加油机的输油量由它的流量测量变换器决定，流量测量变换器如同一个工作量器。因此，加油机的检定可以采用容量比较法。

加油机应依据 JJG 443《燃油加油机》检定规程进行检定。

一、计量加油机的结构与工作原理

加油机一般是由电机、油泵、油气分离器、流量测量变换器、控制阀、编码器、计控主板、指示装置、视油器、油枪等主要部件组成的一个完整的液体体积测量系统。

其中，流量测量变换器是将油品的流动量转换为机械转动信号传递给编码器的部件。编码器是将流量测量变换器的机械转动信号转换为脉冲信号传递给计控主板的部件。计控主板主要由计量微处理器、监控微处理器、存储器等组成。其功能是接收编码器传递来的脉冲信号，生成加油数据并具有其他控制功能。加油数据经监控微处理器处理后送指示装置显示。最小付费变量为单价与最小体积变量的乘积。

加油机工作原理如图 9-2-1 所示。自带泵型加油机由电动机驱动油泵，油泵将储油罐中的燃油经油管及过滤器泵入油气分离器进行油气分离；潜油泵型加油机由计控主板发出控制信号传递到潜油泵控制盒。启动潜油泵，在泵压作用下燃油经流量测量变换器、输油管、油枪输至受油容器。

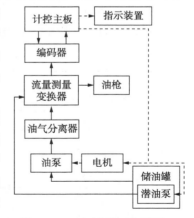

图 9-2-1　加油机工作原理

二、计量性能指标

加油机的最大允许误差为 ±0.30%，测量重复性不超过 0.10%。加油机显示的付费金额不大于单价和体积示值计算的付费金额，且二者之差的绝对值不超过最小付费变量。

三、检定设备

（1）检定加油机的设备包括主标准器和辅助设备。量器、温度计、秒表应有有效的检定证书。

主标准器为标准金属量器，经检定合格，在有效期内，并满足以下条件：

量器的最大允许误差不超过±0.05%，容积不小于加油机最小体积变量的1000倍，并不小于检定流量下1min的排放量。量器配有水平调节装置。

（2）辅助设备有：

① 全浸式水银温度计一套，量程-25~55℃，最小分度值不大于0.2℃；

② 水平仪一台，准确度优于0.05mm/m；

③ 秒表一只，分度值不大于0.1s。

四、环境要求

检定时环境温度应在-25~55℃范围内，变化应不超过5℃。环境相对湿度≤95%；大气压力为86~106kPa。

试验介质应与加油机实际使用的介质一致或黏度相当，不可用水做检定介质。检定时，介质温度与环境温度的最大温差不得超过10℃。如超过10℃，标准金属量器应有保温措施。

五、检定项目与方法要点

1. 检定项目

检定分为首次检定、后续检定及使用中检验，检定项目参见表9-2-1。

表9-2-1 检定项目表

检定项目	首次检定	后续检定	使用中检验
铭牌标记和外观结构检查	+	+	+
自锁功能检查	+	+	+
示值误差检定	+	+	+
重复性检定	+	+	+
付费金额检定	+	-	-

注：1."+"为应检项目，"-"为不检项目。

2. 使用中检验是为了检验加油机的检定标记或检定证书是否有效，封印是否损坏，使用中的计量器具状态是否有明显变动，及其误差是否超过加油机的最大允许误差。

2. 检定方法

（1）铭牌标记和外观结构检查。

用目测法检查铭牌标记和外观结构。

① 加油机铭牌上应注明：制造厂名；产品名称及型号；制造年、月；出厂

编号；流量范围；最大允许误差；最小被测量；电源电压；Ex 标志及防爆合格证编号；CMC 标志及编号。

② 外观结构。

a. 指示装置应显示单价、付费金额、交易的体积量。单价显示的每个数字的高度应不小于 4mm；付费金额、交易的体积量显示的每个数字的高度应不小于 10mm。

b. 加油机显示的体积量应是工况条件下的体积量。

c. 当多条油枪共用一个流量测量变换器时，其中一条油枪加油时，其他油枪应由控制阀锁定不能加油。

d. 在加油机的流量测量变换器的调整装置处、编码器与流量测量变换器之间、计控主板与机体间的三个位置应加封印。

e. 计控主板与指示装置的连接电缆中间不得接插头。

f. 指示装置的显示控制板不得有微处理器。

（2）自锁功能检查。

自锁功能由监控微处理器、编码器、POS 机和相应的程序来实现。当加油机内涉及计量的应用程序或参数被非法变更时，加油机应被锁机。

① 监控微处理器。

当计量微处理器或编码器中微处理器的程序被非法变更时，监控微处理器应对加油机进行锁机，即不能进行加油操作。

② 编码器和计控主板。

a. 编码器应与监控微处理器进行相互验证，当编码器与监控微处理器相互验证失败时，加油机应不工作。

b. 初始化后的加油机，更换计控主板后，如不重新初始化，在进行 3 次加油操作后编码器应停止向计控主板发送脉冲，编码器应记录、保存更换计控主板的相关信息。

c. 当加油量异常（偏离正常脉冲当量的 ±0.6%）时，在累计加油 5 次后编码器应停止向计控主板发送脉冲，编码器应记录、保存异常情况的相关信息。

（3）示值误差检定。

加油机的首次检定应在 $0.90Q_{max} \leq Q(1) \leq 1.0Q_{max}$、$0.36Q_{max} \leq Q(2) \leq 0.44Q_{max}$、$0.14Q_{max} \leq Q(3) \leq 0.18Q_{max}$ 三个流量点下分别检定三次（Q_{max} 为加油机在现场所能达到的最大流量），各流量点检定示值误差和测量重复性应符合性能指标的要求。

加油机的后续检定应在 $0.90Q_{max} \leq Q(1) \leq 1.0Q_{max}$ 和 $0.36Q_{max} \leq Q(2) \leq 0.44Q_{max}$ 两个流量点下分别检定三次（Q_{max} 为加油机在现场所能达到的最大流量），各流量点检定示值误差和测量重复性应符合性能指标的要求。

操作步骤为：

① 将金属量器放置在坚硬的平地上（若量器安放在运载汽车上或其他支架上，则必须保证检定时无任何晃动），并使量器良好接地。

② 进行试运行，启动加油机（有油气回收装置的加油机应同时启动油气回收装置），将油枪开启并调节到现场检定时的最大流量 Q_L，并用秒表计时，确定现场检定时的最大流量。将油液注入量器内，直至注满。量器被注满后，将油枪放回托架，按量器检定证书上规定的放液时间将量器内的油液放净，关闭阀门，使量器处于准备状态。

③ 用水平调节装置将量器调平并使量器良好接地。

④ 提取油枪，启动加油机，使加油机的指示装置回零，将流量调至检定流量，向量器内注油，同时用温度计测量油枪出口处的油品温度，待温度计读数稳定时再读取油温，当油液注满量器时，关闭油枪，读取并记录加油机的示值和加油机显示的付费金额。

⑤ 待量器中的油沫和气泡消失后，读取并记录量器的示值，测量并记录量器中的油液温度。

检定中应注意：整个注油过程中不允许油料外溢，否则检定结果无效；标准量器内油温应于量器中部测量。

六、数据处理

（1）量器测得的在试验温度 t_J 下的实际体积值 V_{Bt} 的计算公式为：

$$V_{Bt} = V_B \left[1 + \beta_Y (t_J - t_B) + \beta_B (t_B - 20) \right]$$

式中　　V_{Bt}——量器在 t_J 下给出的实际体积值，L；

　　　　V_B——量器在20℃下标准容积，L；

　β_Y、β_B——分别为检定介质和量器材质的体膨胀系数（汽油：$12 \times 10^{-4}℃^{-1}$；煤油：$9 \times 10^{-4}℃^{-1}$；轻柴油：$9 \times 10^{-4}℃^{-1}$；不锈钢：$50 \times 10^{-6}℃^{-1}$；碳钢：$33 \times 10^{-6}℃^{-1}$；黄铜、青铜：$53 \times 10^{-6}℃^{-1}$）；

　t_J、t_B——分别为加油机内流量测量变换器输出的油温（由油枪口处油温代替）和量器内的油温。

（2）体积量示值误差计算公式为：

$$E_V = \frac{V_J - V_{Bt}}{V_{Bt}} \times 100\%$$

式中　　V_J——加油机在 t_J 下指示的体积值；

　　　　E_V——加油机的体积相对误差，%。

计算各检定点各次检定的示值误差，取平均值作为该点的示值误差，在各点的示值误差中取最大值作为加油机的示值误差。

（3）重复性计算公式：

$$E_n = \frac{E_{V\max} - E_{V\min}}{d_n}$$

式中　$E_{V\max}$、$E_{V\min}$——分别为规定流量下的测量示值相对误差最大值（%）和最小值（%）；

　　　　d_n——极差系数，3 次测量 d_n 取 1.69；

　　　　E_n——测量重复性，%。

在各检定点的重复性中取最大值作为加油机的重复性。

（4）流量计算公式：

$$Q_V = \frac{60V_t}{t}$$

式中　Q_V——流经加油机的体积流量，L/min；

　　　　V_t——在测量时间 t 内加油机显示的体积值，L；

　　　　t——测量时间，s。

（5）检定结果的处理：

检定合格的加油机发给检定证书，并在加油机显著位置粘贴检定合格标志；检定不合格的加油机发给检定结果通知书，指出不合格项目。

检定合格的加油机必须在下列三个位置加以封印：

① 流量测量变化器的机械调整装置处；

② 编码器与流量测量变换器之间；

③ 计控主板与机体之间。

七、检定周期

加油机的检定周期不超过 6 个月。

例 9-2-1　用容积法对加油机进行检定，检定用标准量器材质为不锈钢，检定介质为轻柴油，检定记录如表 9-2-2 及表 9-2-3 所示，试判断该加油机是否合格。（要求对标准量器进行温度修正，已知标准量器为不锈钢，$\beta_B = 50 \times 10^{-6}℃^{-1}$；检定油品为轻柴油，$\beta_Y = 9 \times 10^{-4}℃^{-1}$）

表 9-2-2　加油机检定记录表 1

流量 $q/(L/min)$	测量次序	加油机示值 V_t/L	标准量器示值 V_B/L	油枪出口处油温 $t_J/℃$	标准量器内油温 $t_B/℃$	温度修正后的实际体积 V_{Bi}/L	示值误差 $E_V/\%$
0.90~1.0Q_{max}	1	100.04	100.07	17.5	17.3		
	2	99.96	99.91	17.6	17.6		
	3	100.04	99.99	17.6	17.5		

流量 $q/(\text{L/min})$	测量次序	加油机示值 V_t/L	标准量器示值 V_B/L	油枪出口处油温 $t_J/℃$	标准量器内油温 $t_B/℃$	温度修正后的实际体积 V_{Bi}/L	示值误差 $E_V/\%$
	1	100.13	100.15	18.0	18.1		
$0.36\sim0.44Q_{max}$	2	99.84	99.88	18.2	18.5		
	3	99.87	99.86	18.5	18.5		

解：检定结果如表 9-2-2 所示。

$$V_{Bt} = V_B[1+\beta_Y(t_J-t_B)+\beta_B(t_B-20)]$$

$0.90\sim1.0Q_{max}$：

$V_{B1}=100.07\times[1+9\times10^{-4}\times(17.5-17.3)+50\times10^{-6}\times(17.3-20)]=100.07\text{L}$

$V_{B2}=99.91\times[1+9\times10^{-4}\times(17.6-17.6)+50\times10^{-6}\times(17.6-20)]=99.90\text{L}$

$V_{B3}=99.99\times[1+9\times10^{-4}\times(17.6-17.5)+50\times10^{-6}\times(17.5-20)]=99.99\text{L}$

表 9-2-3　加油机检定记录表 2

流量 $q/(\text{L/min})$	测量次序	加油机示值 V_t/L	标准量器示值 V_B/L	油枪出口处油温 $t_J/℃$	标准量器内油温 $t_B/℃$	温度修正后的实际体积 V_{Bi}/L	示值误差 $E_V/\%$
	1	100.04	100.07	17.5	17.3	100.07	$(100.04-100.07)/100.07\approx-0.03$
$0.9\sim1.0Q_{max}$	2	99.96	99.91	17.6	17.6	99.90	$(99.96-99.90)/99.90\approx0.06$
	3	100.04	99.99	17.6	17.5	99.99	$(100.04-99.99)/99.99\approx0.05$
	1	100.13	100.15	18.0	18.1	100.14	$(100.13-100.14)/100.14\approx-0.01$
$0.36\sim0.44Q_{max}$	2	99.84	99.88	18.2	18.5	99.87	$(99.84-99.87)/99.87\approx-0.03$
	3	99.87	99.86	18.5	18.5	99.85	$(99.87-99.85)/99.85\approx0.02$

表 9-2-4　加油机检定结果记录

流量	0.90~1.0Qmax			0.36~0.44Qmax		
流量	\multicolumn{3}{c} $0.90\sim1.0Q_{max}$			$0.36\sim0.44Q_{max}$	
测量次序	1	2	3	1	2	3
示值误差 E_V	-0.03%	0.06%	0.05%	-0.01%	-0.03%	0.02%
示值误差平均值	0.03%			-0.01%		
重复性误差 E_n	0.06%-(-0.03%)/1.69=0.05%			0.02%-(-0.03%)/1.69=0.03%		

通过计算可得：加油机示值误差最大值 0.06% < 0.3%，加油机准确度合格；加油机重复性最大值 0.05% < 0.10%，加油机重复性合格。

答：加油机计量检定合格。

 【练习题与思考题】

1. 试述检定计量加油机用标准金属量器的结构特点及其作用。

2. 流量计检定的方式有哪些？其原理如何？各有什么特点？

3. 被检流量计示值读数容积量、标准罐刻度处示值容积量为何都换算成 20℃ 时的油品体积相比较、计算误差？

4. 在线检定和检定站检定对流量计检定有何不同？为什么一定要采用在线检定？

第十章 容量计量

容量计量在工业领域中应用广泛。如在医药卫生领域，有各种定量刻度的药瓶、注射器和分析量瓶等；在商业领域，有售油器、液体分装机等；在化工领域，有滴管、吸管、量瓶、量杯等计量器具；在石油及其加工领域，有各种储油罐、计量罐，运送油品的铁路罐车、汽车罐车、游船船舱等，非常重要。

第一节 容量及有关术语

一、容量及单位

通常用容器内所含的空间体积或容积来表示容量，因此出现体积容量和质量容量，对于可容纳物质体积的量称为容器的体积容量，简称容器的容积；对于可容纳物质质量的量称为容器的质量容量。

容量在国际单位制中不是基本单位，而是由长度基本单位"米"导出来的，即立方米（m^3）。习惯上也常用升（L），或者更小一些的如毫升（mL）、微升（μL）等单位来表示。

1901 年第三届国际计量大会曾定义升为"1kg 纯水在其最大密度和标准大气压下所占有的体积"，那时它等于 $1.000028dm^3$。1964 年第十二届国际计量大会声明，升是 $1dm^3$ 即 1L 的专用名称。

二、容器及分类

容器按材质可分为木制、金属制、玻璃制、塑料制等；按形状可分为圆筒形、方形、球形以及各种形状的组合等。

容器按用途可分为两大类：一类仅作储存物质用，称为储存容器；另一类具有计量功能，如量筒、量杯、量瓶和各类型的计量罐等，称为量器。

量器按它的制作材料和用途分为玻璃量器、金属量器和计量罐。见图 10-1-1。

对用于计量的量器来说，应满足下列条件：

（1）用于计量液态物质体积；

（2）材质必须长期使用而不易变形；

（3）形状必须满足计量要求；

（4）定期检定，具有检定证书。

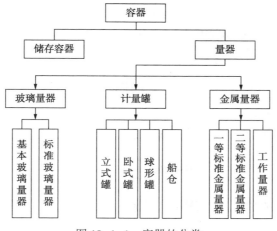

图 10-1-1　容器的分类

三、容量计量及分类

容量计量就是采用一定程序和方法，测量容器内部可以装入液态物质的空间体积，并使之具有一定准确度，然后用这个容器对液态物质进行数量测量的全过程。

按照计量原理，容量计量可分为衡量法、直接比较法和几何测量法。

按照容积大小，容量计量又可分大容量计量、中容量计量和小容量计量。例如，立式金属罐、卧式金属罐、铁路罐车和汽车罐车等，其容积一般在 $100m^3$ 以上，属于大容量计量范畴；又如标准金属量器等，容积的测量范围一般在 20L~$100m^3$，属于中容量计量范畴；而玻璃量器，容积一般在 20L 以下，则属于小容量计量范畴。

大容量计量，通常采用几何测量法；中、小容量计量，一般采用衡量法和直接比较法。

四、容量量值传递方法

容量的量值传递方法如图 10-1-2 所示。

第二节　立式金属油罐容量检定

一、检定原理

立式油罐的容积检定原理为几何测量法，按 JJG 168《立式金属罐容量检定规程》进行。

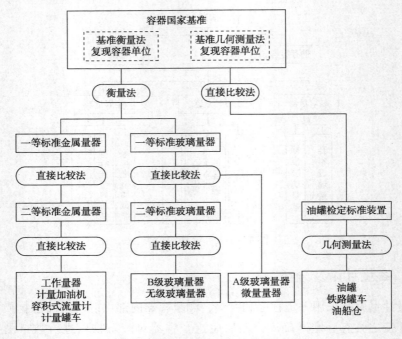

图 10-1-2　容量的量值传递方法

立式罐的罐体是一圆筒形，它由一层层钢板焊接而成，从下至上依次称为第一圈板、第二圈板……

按照它的几何形状，测量出有关几何参数，即可求得罐的容量。于是，若先不考虑罐体变形，则每圈板的容量 V_i 为：

$$V_i = \frac{\pi}{4} d_i^2 h_i$$

式中　d_i——第 i 圈的内径；

　　　h_i——第 i 圈板的内高。

罐的总容量 V 为：

$$V = \sum_{i=1}^{n} V_i$$

式中，$i=1$，2，3，…，n 是圈板的序号。

由此可知，测量出各圈板的内高和内径，即可以罐底基准点算起从下至上求出罐的部分容量，并以表格的形式表示出液位高度和它对应的容量间接函数关系。

但实际上，罐体是会产生变形的，上面的计算公式是立式罐容量计量的理想公式。若考虑到罐底不平度、罐内附件体积以及液体静压力引起的罐壁弹性变形的修正值，则圈板的容量 V_i 可表示为：

$$V_i = \frac{\pi}{4} d_i^2 h_i + \Delta V_1 + \Delta V_2 + \Delta V_3 + \Delta V_4$$

式中 ΔV_1——液体静压力容量修正值;

$\quad\quad$ ΔV_2——罐底容量修正值;

$\quad\quad$ ΔV_3——罐内附件修正值,当它使罐有效容量增加时,其值为正值;反之,
$\quad\quad\quad\quad\quad$ 为负值;

$\quad\quad$ ΔV_4——罐倾斜的修正值。

被测罐的总容积以下式表示:

$$V = \frac{\pi}{4} \sum_{i=1}^{n} d_i^2 h_i + \Delta V_1 + \Delta V_2 + \Delta V_3 + \Delta V_4$$

将测得的 d_i、h_i 和各种修正值代入上式中,通过电子计算机处理,可得立式
罐容积表。

二、基本术语

1. 最小测量容量

为了保证罐容量计量达到规定的不确定度,在收发作业时,所排出或注入的
最少液体体积。一般为 2m 液位高度所对应的容量。

2. 附件体积

影响罐容量的装配附件所占的体积。当其体积使罐的有效容量增加时,取正
值;当其体积使罐的有效容量减少时,取负值。

3. 浮顶质量

浮顶结构质量及作用在浮顶上的所有附件质量的总和。

4. 死量

下计量基准点水平面以下的容量。

5. 底量

罐底最高点水平面以下的容量,也称罐底容量。

6. 参照水平面

在对罐底和罐内附件的起止高度进行测量时,由水准仪视准轴水平旋转形成
或由充装液体所形成的水平面。

7. 标高

由水准仪和标高尺测量的某一点到参照水平面的高度。

8. 倒尺

当测量点高度在参照水平面之上时,需将标高尺的零点向上,称为倒尺。

9. 围尺法

使用钢卷尺测量各圈板周长并考虑圈板厚度后,得到各圈板直径的方法。根
据测量方式的不同,分外围尺法和内铺尺法两种。

10. 光学垂准线法

由光学垂准仪视准轴形成的垂直基准光线，称为光学垂准线。通过光学垂准线测量各圈板径向偏差的方法，称为光学垂准线法。

11. 基圆

为推算其他圈板的周长或直径，需要将某一位置的圆周作为与其他圆周比较的基础，该圆周称为基圆。

12. 径向偏差

某一圈板半径与基圆半径之差。

13. 水平测站

沿罐圆周方向设定的径向偏差测量位置。

14. 垂直测量点

与水平测站相对应，在罐壁垂直方向设定的位置。

三、计量性能

1. 采用围尺法、径向偏差法(光学垂准线和具导轨原理)

容量为 $20\sim100m^3$(含 $100m^3$)的立式金属罐，检定后总容量的扩展不确定度为 0.3%($k=2$)；容量为 $100\sim700m^3$(含 $700m^3$)的立式金属罐，检定后总容量的扩展不确定度为 0.2%($k=2$)；容量为 $700m^3$ 以上的立式金属罐，检定后总容量的扩展不确定度为 0.1%($k=2$)。

2. 采用径向偏差法(光电测距原理)

容量小于 $700m^3$(含 $700m^3$)的立式罐，不宜采用光电测距法。

容量为 $700\sim3000m^3$(含 $3000m^3$)的立式罐，检定后总容量测量结果的相对扩展不确定度为 0.2%($k=2$)；容量为 $3000m^3$ 以上的立式罐，检定后总容量测量结果的相对扩展不确定度为 0.1%($k=2$)。

四、检定设备

检定设备和配套设备及主要技术参数见表 10-2-1 和表 10-2-2，表中设备必须经检定合格且在检定周期内使用。

表 10-2-1 主要检定设备及技术参数

设备名称	测量范围	准确度等级或最大允许误差	备　　注
钢卷尺	0~50m 0~100m 0~150m 0~200m 0~300m	Ⅱ级	钢卷尺检定证书必须有以米为间隔的修正值，使用时必须修正；围尺时的拉力应与检定时的拉力一致

设备名称	测量范围	准确度等级或最大允许误差	备　注
测深钢卷尺	0~15m 0~20m 0~25m 0~30m	Ⅱ级	使用时必须修正
光学垂准仪	0.9~25m	在规定的测量范围内，分辨力1mm，垂准单次测量最大允差优于±2mm	自动补偿
移动式径向偏差测量仪	0~300mm	分辨力1mm，全长示值误差不得超过±0.2mm	与光学垂准仪配套使用
自动安平水准仪	1~100m	DSZ3级及以上	自动补偿
超声波测厚仪	0~50mm	≤10mm，±0.1mm；>10mm，±（0.1mm+1%L）（L为测量厚度）	使用温度-20~50℃，具有涂层测厚和板材测厚功能
拉力计	0~98N	最小分度值1.96N	—
标高尺	0~2m	±1mm	最小分度值1mm，与水准仪配套使用，最好选用带有水平气泡的标高尺
温湿度计	-20~50℃ 10%~90%RH	±1.5℃ 7%RH	—
标准金属量器	100~2000L	±0.05%	
流量计	满足要求	±0.20%	
全站仪	1.7~80m	水平方向和垂直角测量最大允差：±2″ 无棱镜测距最大允差：±（2mm+2×10⁻⁶L）（L为测量距离）	
属导轨光学径向偏差测量仪	0~120mm	光学视准轴上下扫描垂准度1/20000，导轨直线度不大于10″	
激光测距仪	0.5~100m	±1.5mm	

表 10-2-2　配套设备及技术参数

设备名称	型号规格	要　求
拉绳	满足要求	质地为棉、麻
钢直尺	500~1000mm 分度值1mm	3只
夹尺器	—	—

设备名称	型号规格	要 求
辐射温度计	−30~200℃	1 级
空盒气压表	800~1060hPa	±2hPa
风速计	0.8~20m/s	±5%
防爆灯具	符合防爆场所要求	2 个以上
对讲机	符合防爆场所要求	2 个以上
防毒面具		
空气呼吸器		
气体检测仪		
试水(油)膏	—	—
跨越规	满足要求	—
磁性表座	垂直吸力不小于588N	—
计算机及打印机	满足要求	

五、检定项目

检定项目见表10-2-3。

表10-2-3　检定项目

检定项目	首次检定	后续检定	使用中检验
外观及一般性能检查	+	+	+
圈板直径测量	+	+	−
各圈板高度、总高及板厚、油漆厚度测量	+	+	−
罐底量测量	+	+	−
倾斜测量	+	+	−
罐体椭圆度测量	+	−	−
参照高度测量	+	+	+
内部附件测量	+	+	−
浮顶测量	+	+	−

注：表中"+"表示需要检定的项目；"−"表示不需要检定的项目。

六、检定方法

1. 外观及一般性能检查

罐体应按照正确的工程规范建造，应符合罐的相关安全要求；在罐体的明显位置上应有永久性铭牌，铭牌上应注明：罐体类型、罐编号、标称容量、存储介质、建造企业、建造日期等；罐体应有足够的强度，不应有影响容量的永久变形；对于浮顶罐，应保证浮顶随液面上下自由移动。

新建罐体椭圆度不得超过 1%，罐体倾斜度不得超过 1%。

2. 各圈板直径的测量

立式罐容量测量的基本问题是它的各圈板内径测量，该测量决定了被检罐容量最终检定准确度。油罐各圈板内径测量，可以采用外测法（无保温层）和内测法（有保温层）两种方法。

各圈板直径测量的原理（围尺法）是：首先用标准钢卷尺围测罐第一圈板 3/4 处（称为基圆）的外周长，求出其外径（称为基本直径），以此作为比较其他各圈板直径的基准，然后用测量径向偏差的仪器（如径向偏差仪等），测量出各圈板直径相对于基本直径的径向差，即可求出各圈板的直径。

（1）外围尺法：

① 位置选取，位置分别为：

第一条在圈板板高的 1/4 处；

第二条在圈板板高的 3/4 处；

如果不能在选定位置围尺，可以在靠近这一位置附近测量，但应远离水平焊缝。

② 按选定的围尺位置，在罐壁上用色笔每隔 1.0～1.5m 画出水平标记作为围尺轨迹，并清除围尺轨迹上影响测量结果的杂物，以保证测量时钢卷尺贴紧罐壁。用磁性表座或其他方法将钢卷尺的尺头固定，沿罐壁放尺，使尺带紧贴罐壁并大致围绕在围尺轨迹附近，用磁性表座固定 5min 左右，使尺带与罐壁达到温度平衡，以消除尺带与罐壁的温差所造成的测量误差。当罐壁的材质为非碳钢等其他材料时，应记录其罐壁温度、材质和线膨胀系数。

③ 在围尺轨迹上距离竖直焊缝或其他障碍物 300mm 外的地方，在罐壁上用钢针画一条垂直于围尺轨迹的细线作为围尺起点竖线，将钢卷尺的零刻度线与起点竖线重合，用磁性表座或其他方法固定尺带。在距磁性表座不超过 3m 处，使用夹尺器夹住尺带，并用拉力计对尺带施加与尺检定状态下相同的拉力，同时观察尺带零刻度与起点竖线是否发生位移。有位移时需增加磁性表座的数目，重新测量。无位移即以此点作为围尺起点。

④ 从围尺起点沿围尺轨迹按不超过 3m 的间隔，依次用夹尺器和拉力计沿罐壁的切线方向对尺带施加与尺检定状态下相同的拉力，用磁性表座或其他方法固定尺带，直到起点，读数估读到 0.5mm。在测量过程中尺带上缘要始终和围尺轨迹对齐。每次围尺过程完毕时，应检查尺带零刻度线是否发生位移，如有位移需重新测量。

⑤ 距离第一次围尺起点 300mm 以上建立新起点，按步骤③、④进行第二次测量。两次测量结果应不大于表 10-2-4 中规定的允差。

表 10-2-4　圆周长 C 测量允差

$C \leqslant 100mm$	3mm
$100mm < C \leqslant 200mm$	4mm
$C > 200mm$	6mm

⑥ 如果两次测量结果超过规定的允差，需继续测量一直到连续两次测量结果符合规定的允差，取两次测量的平均值即为该位置的圆周长。

⑦ 按步骤①中所选取的各圈板圆周的位置逐一测量，得出各圈板的 $C_{下}$ 值和 $C_{上}$ 值。

⑧ 测量结果的修正。当卷尺越过焊缝、铆钉或加强板等凸出部分时，应采用跨越器进行修正，具体方法是：用跨越器定一任意弦，利用卷尺测量此弦对应的两条弧长，其中一条是不经过突出物而紧贴罐壁测定的弧长平均值；而另一条则是跨越截止器时经过突出物引起的周长修正值。另外，最终结果还应加上钢卷尺的修正值。

⑨ 其他圈板直径的测量应注意测点位置的选择，在基圆所在位置定点。定点原则为：

a. 测量点数就为偶数。

b. 圆周长 ≤100m 时，点与点之间的弧长不大于 3m，且不少于 12 个点。

c. 圆周长 >100m 时，点与点之间的弧长不大于 4m，且不少于 36 个点。

d. 如罐身不规则，应增加测量点。

e. 除第一圈板，其他各圈板测量点的位置应在每圈外高的 1/4 和 3/4 外，并与基圆上的测点在同一母线上。

f. 选定各测量点时，应使所有的测量点测量时与罐壁接触的设备不在焊缝或其他凸出的位置。

根据所定的点数确定两点之间的弧长，再按这个弧长在基圆所在位置上标记测点位置，按序编号。

（2）内铺尺法

当无法外围尺时，则可进行内部测量，用内铺尺法测量基圆周长，其方法如下：内铺尺法铺尺位置选择方法参考外围尺法，清除此位置范围内的罐壁障碍物，画出基圆圆周的轨迹。在距离竖直焊缝大于 300mm 的位置，用钢针划一条垂直于基圆圆周轨迹的细线作为起点竖线，将钢卷尺的零刻度线与起点竖线对齐，尺带的上缘应与圆周轨迹上水平横线的下缘对齐，将尺带靠在罐壁上，用磁性表座或其他方法将尺带固定，用钢直尺依次压紧尺带，使它同罐壁紧紧贴合。

每次压尺长度不大于1m，每压紧一次，就将已铺好的尺子终端用磁性表座或其他方法固定。在铺尺过程中，如发生移动则应在最近的磁性表座之前，重新铺尺，直至最初的起点竖线。铺尺至最初的起点竖线后，读取起点竖线对应的尺带的读数，估读至0.5mm。在距离起点竖线300mm以外的水平位置重新建立起点，按以上步骤重新测量，两次测量结果应符合表10-2-4的要求，取平均值作为圆周的内周长。按所选取的各圈板圆周的位置逐一测量，得出圈板的周长。

各圈板内径的测量方法还有径向偏差法。

（3）径向偏差法

径向偏差法是通过对基圆和各圈板相对基圆径向偏差的测量，获得各个圈板直径的测量方法。该方法使用的主要设备有光学垂准仪、光电测量仪器和具导轨径向偏差测量仪。光学垂准仪读数见图10-2-1，测径向偏差方法如图10-2-2所示。

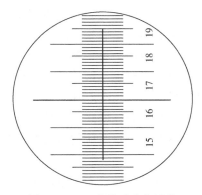

图10-2-1　光学垂准仪读数

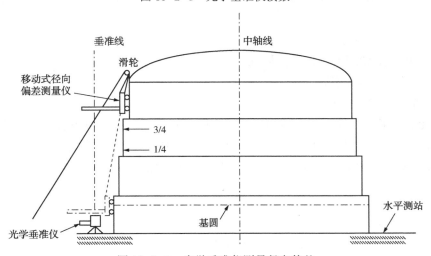

图10-2-2　光学垂准仪测量径向偏差

3. 各圈板内高的测量

立式罐的焊接结构形式通常有搭接式、对接式、交互式和混合式四种。沿扶梯依次测得各圈板下水平焊缝中心到上水平焊缝中心的距离，应测两次取平均值，精确到1mm，作为各圈板的外部板高。对有搭接的罐还应测量两圈板之间的搭接高度。各圈板高度测完之后，使用量油尺或激光测距仪测量罐圆筒部分的高度，作为罐的总高，并与各圈板高度之和相比较，若有差值，应对各圈板高度按总高进行修正。

4. 各圈板的板厚测量

用超声波测厚仪沿扶梯依次测得各圈板钢板厚度和油漆厚度。在同一圈板应测两次，精确到0.1mm，取平均值作为该圈板的厚度。当板厚无法测量时，也可采用竣工图纸的数据。

5. 底量的测量

罐底量指罐底最高点平面以下的罐底容量。可采用容量比较法和几何测量法两种方法求得。对于带液测量的罐，其底量可采用上一周期的数据，但应在检定证书上注明：罐底最高点以下不得作为计量容积使用。

（1）容量比较法：将符合现场要求的液体检定介质从标准金属量器或流量计中注入被检定罐内，同时用量油尺测出罐底注入的液面高度，直至液体分别浸没至下计量基准点和罐底最高突起部分，即注入被检定罐中的液体体积分别为死量和底量，死量对应的液高为零点，底量对应的液高为下计量基准点至罐底最高点的高度。

对于人员可以进出的罐，应首先在罐内测量出下计量基准点至罐底最高点的高度。然后采用容量比较法进行检定，直至液位高度超出罐底最高点后结束测量。

（2）几何测量法：

① 规则形状罐底，按其实际几何形状测量。

② 不规则形状罐底。

a. 测量点的标记。

就是在罐底上确定同心圆和半径交点的位置。测点的数目由底量计量准确度和罐底的凹凸不平程度决定。从罐底到同心圆周的距离是由所分圆环(中间是一圆面)面积相等的条件决定。同心圆的半径可用下面一组公式求得：

$$R_1 = R\sqrt{\frac{1}{m}}$$

$$R_2 = R\sqrt{\frac{2}{m}}$$

......

$$R_{m-1} = R\sqrt{\frac{m-1}{m}}$$

$$R_m = R$$

式中　　　　　R——罐底圆周半径，可用油罐基圆半径代替；

　　　　　　　m——同心圆数量；

R_1，R_2，…，R_m——从里到外各个同心圆的半径。

b. 测量点标高测量。

将水准仪架设在罐底靠近中心的稳定点上，用标高尺逐一直立于各测量点、罐底中心点和下计量基准点上，由水准仪读出标尺的读数，记录各测量点的标高（表10-2-5、图10-2-3）。

表 10-2-5　罐底测量点数量

基圆直径/m	m	n
$D \leq 10$	1	8
$10 < D \leq 30$	8	8
$30 < D \leq 60$	8	16
$D > 60$	16	16

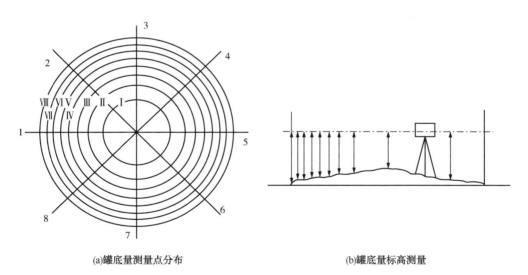

(a)罐底量测量点分布　　　　　　　　　(b)罐底量标高测量

图 10-2-3　罐底量测量

6. 罐的椭圆度测量

根据第一圈板高度 3/4 处的内周长，将周长等分为 8 份，用钢卷尺或激光测距仪测量两对称点之间的距离，求出椭圆的长短半径。长短半径之差值除以基圆半径得到罐的椭圆度。

7. 罐的倾斜度测量

水准仪外测量：在罐壁外用色笔画出 8 个对称方向的标记点，选取适当位置安装水平仪。将标尺沿标记点立于罐底边缘或第一圈板水平焊缝下缘，用水准仪在罐的不同方向依次测量各点的标高，计算出两对称点的最大差值，即为罐底最大的倾斜值 h_k，罐的倾斜角由下式确定：

$$\alpha = \text{tg}^{-1} \frac{h_k}{D}$$

式中 D——罐的平均直径。

水准仪内测量：在罐内第一圈板用色笔画出 8 个对称方向的标记点，用水准仪逐次测量罐底边部 8 点的标高，计算出两对称点的最大差值，即为罐底最大的倾斜值 h_k，罐的倾斜角计算方法同上。

8. 罐内附件体积及其起止点高度的测量

罐内附件一般具有规则的几何形状，测量出其几何形状和尺寸即可求出其体积。同时还需确定附件的起点高度和止点高度，即测量各附件的最高点和最低点到下计量基准点所在平面的高差。对于不能实际测量的附件，可采用竣工图纸标注的数据。

9. 参照高度的测量

参照高度是指罐的下计量基准点到罐的上计量基准点的垂直距离。用经过检定的量油尺测量，一般应测量两次，差值不得超过 1mm，取平均值。

10. 浮顶测量

由于成品油油罐一般为内浮顶，所以这里只作内浮顶的测量介绍。

浮顶最低点的测量：用水准仪和标高尺测量下计量基准点处标高，用倒尺分别测量 8 个方向浮顶底部，数值最小者为浮顶的最低点，最低点倒尺标高与下计量基准点的标高之和，作为浮顶最低点的高度。

浮顶质量的测量：采用容量比较法，即将一定量的水或石油产品从已标定的油罐或标准罐、流量计中注入被检罐中，使其液位接近于浮顶的最低点，则此时的液位高度为 h_0，然后，再向被检罐中注入体积为 V 的相同液体，使浮顶起浮，设此时液位高度为 h，液位高度用量油尺测量两次，两次之差不允许超过 1mm，取其平均值。

则浮顶起浮时浸没于液体的体积为：

$$V_浸 = (V_b - V_a) - V_F$$

式中 V_b——液位高度为 h_b 时被检罐的容量，dm^3；

V_a——液位高度为 h_a 时被检罐的容量，dm^3；

V_F——液高在 $h_a \sim h_b$ 之间注入的液体体积，dm^3。

设检定液体密度为 $\rho_液$，则浮顶的质量为：

$$m = V_浸 \rho_液$$

浮顶起浮高度测量(图 10-2-4):用毫米分度尺在浮顶上测量出浮顶从最低点到起浮后的平均行程 Δh,同时用量油尺从计量口测出液体的总高 h,则浮顶浸没的深度为:

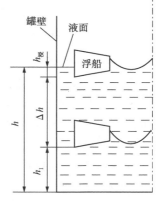

图 10-2-4 浮顶起浮高度测量原理

$$h_浸 = h - h_1 - \Delta h$$

起浮高度为:$h_2 = h_浸 + h_1 + A = h_1 - \Delta h + A$

式中　h_2——浮顶的起浮高度;

　　　A——附加常数,取值为 50mm(因为罐内检定的液体密度和使用时液体密度不同,且使用时的密度也常发生变化,故附加 50mm 高度作为起浮的最高点)。

七、数据处理

1. 空罐时各圈板内直径的计算

(1)用围尺法测量罐的内直径:

第 1 圈板 3/4 处的直径即为第 1 圈板的平均内直径(d_1)

$$d_1 = \frac{C_{3,1} + \Delta l_1 + \Delta l_{r,1}}{\pi} - 2\,\bar{s}_1$$

式中　d_1——第 1 圈板内直径,mm;

　　　$C_{3,1}$——第 1 圈板内 3/4 处的外圆周长,mm;

　　　Δl_1——第 1 圈板钢卷尺的跨越修正值之和,mm;

　　　$\Delta l_{r,1}$——第 1 圈板钢卷尺的围尺长度的修正值,mm;

　　　$\bar{s}_1$——第 1 圈板平均钢板厚度,mm。

　　例 10-2-1　测得某罐外周长平均值为 60472mm,焊缝 8 条,用两脚规测得紧贴罐壁的弧长为 500mm,跨越焊缝的弧长为 500.3mm,从卷尺的检定证书上查得 60m 的修正值为+3.2mm,钢板厚度为 8mm,求该油罐内直径。

　　解:根据公式

$$d_1 = \frac{C_{3,1} + \Delta l_1 + \Delta l_{r,1}}{\pi} - 2\,\bar{s}_1$$

$$= \frac{60472 + (-0.3 \times 8) + (+3.2)}{\pi} - 2 \times 8$$

$$= 19233 \text{mm}$$

　　答:该油罐内直径为 19233mm。

(2)用光学垂准仪测量其余各圈板径向直径为:

$$\Delta r_1 = \frac{F\left[2\sum_{i=1}^{n} W_B - \sum_{i=1}^{n} W_{3,1} - \sum_{i=1}^{n} W_{1,i}\right]}{2n}$$

式中　Δr_1——第 i 圈板径向偏差标尺读数(保留 1 位小数)，mm；

W_B——基圆径向偏差标尺读数(保留 1 位小数)，mm；

$W_{3,i}$——第 i 圈板 3/4 处的径向偏差标尺读数(保留 1 位小数)，mm；

$W_{1,i}$——第 i 圈板 1/4 处的径向偏差标尺读数(保留 1 位小数)，mm；

n——水平测站数；

F——常数，内测时取 -1，外测时取 $+1$。

2. 各圈板内高计算

(1) 内接罐的内高等于它的外高 $h_i = H_i$。

注意，第 1 圈板的内高是指第 1 圈板上水平焊缝到下计量基准点的高度。

(2) 套筒式罐圈板内高的计算：

套筒式罐圈板内高(h_i)为本圈板高度减去上搭接高度再加下搭接高度，即

$$h_i = H_i - b_{i+1} + b_{i-1}$$

式中　H_i——第 i 圈板外高，mm；

b_{i+1}——第 i 圈板上搭接高度，mm；

b_{i-1}——第 i 圈板下搭接高度，mm。

(3) 交互式、混合式内高按实际结构形式计算。

3. 底量计算

(1) 容量比较法：

用容量比较法测量罐底量，根据实际测量数据，用线性插值法计算相应高度容量。注液为水的情况下，注水前后温差小于 10℃时可不进行温度修正。

例 10-2-2　用流量计标定立式油罐的底部容量，如不考虑容器和介质(水)的液体膨胀系数，油罐第 1 圈板内直径为 7.512m，标定测量数据见表 10-2-6。试按 10mm 间隔编出底量表。

表 10-2-6　液体检定法标定底量的记录

检定序号	流量计排出体积记录/L		被标容器内平均液高
	此次	累计	h/mm
1	3002	3002	0
2	1401	4403	10.8
3	1552	5955	21.5
4	1803	7758	31.3
5	1650	9408	40.7

解：用线性插值法计算得到编表点的容量为：

$H=10\text{mm}$ 时，$V=3002+\dfrac{(4403-3302)}{(10.8-0)}\times(10-0)=4021(\text{L})$

$H=20\text{mm}$ 时，$V=4403+\dfrac{(5955-4403)}{(21.5-10.8)}\times(20-10.8)=5955(\text{L})$

$H=30\text{mm}$ 时，$V=5955+\dfrac{(7758-5955)}{(31.3-21.5)}\times(30-21.5)=7519(\text{L})$

$H=40\text{mm}$ 时，$V=7758+\dfrac{(9408-7758)}{(40.7-31.3)}\times(40-31.3)=9285(\text{L})$

$H=41\text{mm}$ 时，$V=9408+\pi\times7.512^2\times0.0003\times1000=9461(\text{L})$

（2）计算法：

罐底不平度修正值可用下式计算：

$$\Delta V_{排}=S_{底}\left(\frac{1}{3k}\sum_1^n h_0+\frac{2}{3k}\sum_1^n h_1+\frac{1}{2k}\sum_1^n h_{\text{I}}+\frac{1}{k}\sum_1^n h_{\text{II}}+\cdots+\frac{1}{k}\sum_1^n h_{m-\text{I}}\right)$$

式中　$S_{底}$——罐底水平截面的面积，$S_{底}=\pi R^2$；

　　　　k——罐底被分割的块数，$k=mn$；

　　　　h_0——罐底中心高度；

　　　　h_{I}——圆周（Ⅰ）上测点高度（见图 10-2-5）；

　　　　$h_{m-\text{I}}$——圆周（$m-\text{I}$）上测高点高度。

令 $m=n=8$，则上式可化为：

$$\Delta V_{排}=S_{底}\left(0.005208\sum_1^8 h_0+0.018229\sum_1^8 h_{\text{I}}+0.015625\sum_1^8 h_{\text{II}\sim\text{VII}}\right)$$

罐底的底量 $V_{底}$ 按下式计算：

$$V_{底}=\frac{S_{底}}{n}\sum_1^n h_0-\Delta V_{排}$$

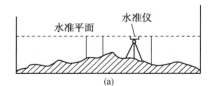

(a)

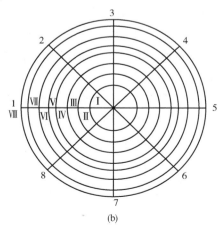

(b)

图 10-2-5　计算法测底量

4. 罐体倾斜容量修正的计算

（1）用水准仪外测时倾斜角（β）的计算：

$$\beta = \arctan\left(\frac{\mid B_{\mathrm{L}} - B_{\mathrm{R}} \mid_{\max}}{D}\right)$$

式中　B_{L}——标记点处的水平标高，mm；

　　　B_{R}——与 B_{L} 对应处的水平标高，mm；

　　　D——测量点所在圈板外直径，mm。

（2）用水准仪内测时倾斜角（β）的计算：

$$\beta = \arctan\left(\frac{\mid B_{\mathrm{L}} - B_{\mathrm{R}} \mid_{\max}}{d}\right)$$

式中：d——测量点所在圈板内直径，mm。

（3）罐体倾斜容量修正计算

$$\Delta V = \frac{\pi}{4}d^2\left(\frac{1}{\cos\beta} - 1\right)h \times 10^{-6}$$

式中　d——罐内基圆内直径，mm；

　　　h——编制容量表的高度，mm。

5. 静压力容量修正计算

从理论上讲，计量立式油罐容积静压力增大值时应分圈计算，因为各圈板厚度不同，但这样计算比较烦琐。为简化计算，我们将立罐看成一个上下一般粗的圆柱，将各圈板直径的增大值看作线性的，并认为在不同储液高度下底部直径增大量的 1/2 即为平均直径增大值。经过推算，静压力容量修正（ΔV_{P}）可按下式计算。

$$\Delta V_{\mathrm{P}} = \frac{\pi g(\rho - 1.1)d_1^3 h^2}{8E\bar{s}}$$

式中　h——编制容积表的高度，m；

　　　g——重力加速度，$g = 9.80665\mathrm{m/s^2}$；

　　　ρ——罐内液体平均密度，编制液体为水的静压力容量修正表时，$\rho = 1\mathrm{m/s^2}$；

　　　d_1——罐的基圆内直径，mm；

　　　E——圈板钢材的弹性模量，$E = 2.06 \times 10^7 \mathrm{N/cm^2}$；

　　　$\bar{s}$——罐壁的平均板厚，mm。

6. 罐体附件的体积 ΔV_{A} 计算

罐内附件的体积按几何形状计算。在编制容量表时，应在其起点高度（H_{a}）与止点高度（H_{b}）之间平均扣除；当它的体积使罐的有效容量增加时则应平均增加。

罐内附件的起点高度计算

$$H_{\mathrm{a}} = h_{\mathrm{B}} - h_{\mathrm{a}}$$

罐内附件的止点高度计算

$$H_b = h_B - h_b$$

式中 h_B ——下计量基准点处标高，mm；

　　　h_a ——附件起点标高，mm；

　　　h_b ——附件止点标高，mm。

7. 浮顶计算

内浮顶的计算前面已经介绍。

八、容积表的编制

立式罐容积表由主容积表、小数表、静压力容积修正表三部分组成。

容积表的最小分度为 mm，容量最小分度为 $dm^3(L)$。容积表的起点高度一般为零点，对应的容量为死量。在容量表中不直接将浮顶的浸没体积扣除，浮顶起点至浮顶止点之间的液位高度不得作为计量交接使用。静压力容积修正表按密度 $1000kg/m^3$ 液体单独编制，使用时按实际密度修正。

容积表使用符合本规程要求的计算机软件编制。立式金属罐容量计算输入数据为：

——使用单位，油罐编号，标称容量（m^3），证书编号，检定日期，有效期止，测量方法。

——参照高度（mm），实际圈板数，基圆周长（mm），罐表起点高度（mm），起点高度对应容量（L）。储罐液年平均密度（g/m^3），检定时液体高度（mm），检定时液体密度（g/m^3），罐体倾斜角（rad），需打印罐表份数。

——各圈板的内高、厚度及基圆径向偏差。

——内部附件的名称、体积（L）、起点与止点。

九、全站仪法

1. 全站仪

全站仪是全站型电子速测仪的简称，是由电子测角、电子测距和数据自动记录等系统组成，测量结果能自动显示、计算和存储，并能与外围设备交换信息的多功能测量仪器。

2. 全站仪法的有关术语

（1）角度测量，最小显示单位不超过 1″，一测回水平方向和垂直角标准偏差不超过 2″。

（2）距离测量，最小显示单位不超过 1mm；对圆棱镜合作目标的测距标准偏差不超过（2mm+2ppm），单棱镜标称测程不小于 3km；对无棱镜合作目标的测距标准偏差不超过（3mm+2ppm），标称测程不小于 200m。

（3）指示激光，全站仪无棱镜距离测量激光束应和望远镜的视准轴严格同轴，并且测距激光和可见指示激光为同一光束，确保激光指示点即为测距点。

（4）轴系驱动或自动目标识别，具有轴系马达驱动或棱镜目标的自动识别与照准功能，适用于检定过程中自动化数据采集。

（5）全站仪控制软件，自动化全站仪在机载或 PDA 软件的控制下，通过马达驱动仪器轴系实现对立式罐各圈板水平圆周上各目标点的自动化测量，并计算、显示和保存各圈板水平圆的半径。

3. 圈板直径测量（内测法）

在立式罐内接近圆心的地方安置好全站仪（理论上可以在任意位置架设仪器），如图 10-2-6（a）。首先以全站仪仪器中心为坐标系的原点、以水平度盘零方向作为坐标系的 X 轴，以过仪器中心的铅垂线为 Z 轴，构成左手测量坐标系 O-XYZ。在该坐标系中，全站仪依次瞄准各圈板规定水平圆周上的所有目标点，通过水平角、垂直角和斜距的测量求得各目标点的三维坐标，根据这些坐标即可计算出该水平圆的半径，由此进一步计算各圈板的平均半径，再根据板高、板厚、罐底以及附件等其他数据，编制立式罐的容积表。

4. 圈板半径测量（外测法）

全站仪用于立式罐容量检定外部测量的基本原理与光学垂准线法基本相同。如图 10-2-6（b）所示，全站仪架设在立式罐外侧周围的地面上，首先对基圆标志线进行测量（该基圆同样需要用围尺法求得半径），记录平距观测值，然后沿立式罐的母线，上下俯仰望远镜，把测距激光点指向其他圈板高的 1/4 或 3/4 处，经测距再记录相应的平距，通过各圈板测量位置的平距观测值与基圆平距观测值之差求得径向偏差，即可得到立式罐各圈板的半径，再根据板高、板厚、罐底以及附件等其他数据，编制立式罐的容积表。

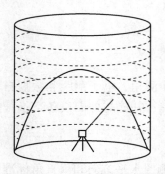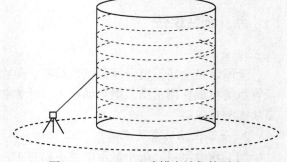

图 10-2-6（a）　立式罐全站仪内测法　　　图 10-2-6（b）　立式罐全站仪外测法

十、检定周期

首次检定一般不超过 2 年，后续检定一般不超过 4 年。若罐体发生严重变形、大修后或检定结果受到怀疑时，须重新进行检定。

第三节　玻璃量器检定方法

一、玻璃量器

玻璃量器是用于测量液体体积的一种仪器。它广泛地应用于物理学、生物学、地质学、医学、计量学等领域。

玻璃量器是由硬质透明的玻璃制成的。其优点是：透明度好，内部清洁情况一目了然，而且其热膨胀系数小。但玻璃量器易碎，在制造容积超过20L的量器时，由于加工复杂且成本过高，不宜使用。

玻璃量器种类很多，由于使用上的要求，形状也不同，分为标准与基本(工作量器)两类。

1. 标准玻璃量器的等级及分类

标准玻璃量器根据结构不同又分为标准玻璃球和玻璃量瓶两种。

标准玻璃球简称标准球，一般中间做成圆筒形或橄榄形，它又分为直管形、尖头形、双连球形三种形式，如图10-3-1所示。

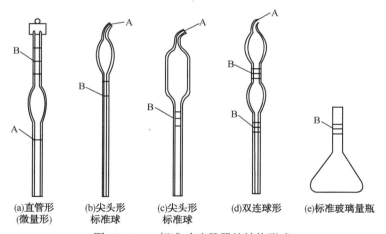

(a)直管形　　(b)尖头形　　(c)尖头形　　(d)双连球形　　(e)标准玻璃量瓶
(微量形)　　标准球　　　标准球

图10-3-1　标准玻璃量器的结构形式

根据容量计量检定系统，标准玻璃量器分为一等和二等。一等标准玻璃量器组可作为计量标准检定二等标准玻璃量器和A级微量(小于0.1mL)玻璃量器依据。二等标准玻璃量器可作为二等B级玻璃量器检定的依据。

一般地，一等标准玻璃量器制成图10-3-1中的(a)、(b)形式，即直线形(标称容量在0.1mL以下)和管中部为椭圆贮液泡形。此两种形式皆为非自动定零位形，(a)为量入式标准球，其标称容量刻线B在量器的上部，下部标有零刻度线A。(b)为量出式标准球，其顶端为零刻线A，标称容量刻线B在下部。二等标准玻璃量器宜制成图10-3-1的(c)、(d)、(e)形式，为自动零定位标准量器，是量出式标准球。球尖嘴顶端为零刻线，标称容量刻线在下部，此刻线附近上、下两条刻线为该量器的允许误差线。

标准玻璃量瓶如图 10-3-1(e) 所示，为国际法制计量组织(OIML)推荐的一种辅助标准器。用于检验某些工作量器，如售油器、量提等，有"A"形和"B"形两种，"A"形为梨形，"B"形为方梨形，标称容量为 $10cm^3 \sim 10dm^3$ 的为"A"形，其 $1 \sim 10dm^3$ 量瓶做成"B"形。

2. 基本(工作)玻璃量器

基本(工作)玻璃量器的准确度很低，只能在一般工作中使用，因此也称工作玻璃量器。主要有具塞滴定管、无塞滴定管、单标线吸量管、分度吸量管、单标线容量瓶、量筒和量杯。如图 10-3-2 所示。

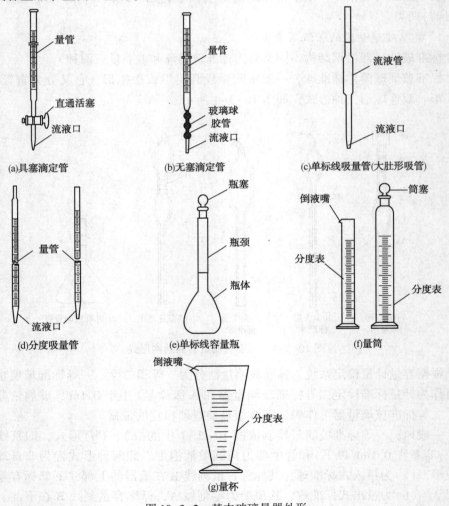

图 10-3-2　基本玻璃量器外形

滴定管是容量分析中专门用于滴定的较精密的玻璃仪器，属于量出式。

吸管又称移液管，是用于准确吸取一定体积液体以配制溶液的量器，属于量出式。种类很多，可分为单标线吸管和分度吸管两类。按液体流出方式又分为完全流出式、不完全流出式及吹出式。

量瓶又称容量瓶，主要用于试验中精密计量液体体积，以配制一定体积和一定浓度的溶液。它是具有平底和凹底的细长颈犁状量器，有磨口塞或塑料塞，是量入式量器，有 A、B 两个准确度等级。

量筒也是化学与化学分析实验室中常用量器，分为带磨口塞和无塞两大类。具塞量筒是量入式；无塞量筒既有量入式，也有量出式。

量杯是具有分度的有锥度玻璃杯，其分度线是不等距的，上密下稀，自下而上顺序递增。

3. 量入式量器与量出式量器

量入式量器用来测定注入量器内液体的体积。一般情况，使用量入式标准量器的标称容量同被测的量器的标称容量是相同的，注入量器中液体的体积等于它的刻度标上相应的读数，一般用"In"表示量入式，这类量器作为标准量器通常用以检定流量计和加油机。使用时，将被测量器中全部或一部分工作介质放入标准量器中，这样，量入式标准量器的标称容量刻度置于量器的上部，而且不仅存在一个标称容量的刻度，还应在其附近正、负两个方向上适当予以刻度，这个刻度与被检量器的准确度有关，如刻度范围 1000mL±5mL。

量出式量器用于测定从它内部排出的液体体积（排出的液体体积等于它的刻度上所标相应的读数），用"Ex"表示量出式。

量出式量器使用时，首先将量出式量器装满工作介质，此时盛于标准量器中的工作介质体积等于标准量器的标称容量，将这些工作介质放入被测量器中，根据工作介质在被测量器中占据的高度决定此高度下的被测量器的容量。

这种玻璃量器的零位刻度在下部，没有标称容量刻度，因大多采用溢流口代替标称容量刻度，量出式玻璃量器如图 10-3-1（c）、图 10-3-1（d）所示，量出式标准金属量器如图 10-3-1（a）、图 10-3-1（b）、图 10-3-1（e）所示。

由于玻璃、金属容器内壁对水或油等液体有吸附作用，黏附的液体体积与它们从容器内流出的时间有关，故对量出式量器规定有流出时间和等待时间，所谓流出时间是指液体从最高标线处经流液嘴或排出阀，全部自然流至最低标线所需的时间。而等待时间是指液体流至被检容器所要读数标线以上约 5mm 处时，为使容器壁上所吸附的液体充分流下而需要等候一段时间，在此之后，再调整液面到被测标线位置，一般是对具有分度的不完全流出的量出式量器而言，对无分度的完全量出式量器，它的检定是对其全容积而言的，所以它的等待时间是指液体从量器内全部流出后，为使壁所吸附的液体充分流下而需等待的时间。

4. 量器的偏差

量器上所注的对应于特定刻线在20℃时的容积值称为量器的标称容量。由于制造和使用上的原因，标称容量（$V_标$）与其实际容量（$V_实$）之间总存在一定的差值，此差值称为量器的偏差。即

$$\Delta V = V_实 - V_标$$

目前，我国玻璃量器的检定规程主要有JJG 196，JJG 196适用于新制造和使用中的滴定管、吸管、量瓶、量筒和量杯的检定。

二、检定项目

玻璃量器的检定项目如表10-3-1所示。

表 10-3-1　检定项目一览表

序号	检定项目	首次检定	后续检定	使用中检验
1	外观	+	+	+
2	应力	+	-	-
3	密合性	+	+	+
4	流出时间	+	+	+
5	容量示值	+	+	+

注："+"表示应检项目；"-"表示可不检项目。

图 10-3-3　标记

1. 外观

用目力观察，可借助放大镜和斜面进行，应符合以下规定。

（1）不允许有影响计量读数及使用强度等缺陷。

（2）分度线与量的数值应清晰、完整、耐久。

（3）分度线的宽度和分度值符合相关要求。

（4）玻璃量器应具有相应的标记（图10-3-3）。

2. 应力

该项目仅适用于首次检定。

3. 密合性

（1）具塞滴定管。将不涂油脂的活塞芯擦干净后用水润湿，插入活塞套内，滴定管应垂直地夹在检定架上，然后注水至最高标线处，活塞在关闭情况下静置20min（塑料活塞静置50min），渗漏量应不大于最小分度值。

（2）量瓶和具塞量筒。将水充至最高标线，塞子应擦干，不涂油脂，盖紧后用手指压住塞，颠倒10次，不应有水渗出。

4. 流出时间

（1）滴定管：

① 将滴定管垂直夹在检定架上，活塞芯涂上一层薄而均匀的油脂，不应有水渗出。

② 注水于最高标线，流液口不应接触接水器壁。

③ 将活塞完全开启并计时（对于无塞滴定管应用力挤压玻璃小球），使水充分地从流液口流出，直到液面降至最低标线为止的流出时间应符合"检定规程"的规定。

（2）分度吸量管和单标线吸量管：

① 注水至最高标线以上约5mm，然后将液面调至最高标线处。

② 将吸量管垂直放置，并将流液口轻靠接水器壁，此时接水器倾斜约30°，在保持不动的情况下流出并计时。以流至口端不流时为止；其流出时间应符合"检定规程"的规定。

5. 容量示值

滴定管、分度吸量管、A级单标线吸量管和A级容量瓶采用衡量法检定，也可采用直接比较法检定，但以衡量法为仲裁检定方法。

三、衡量法

1. 检定原理

测量量器内所容纳检定介质的质量、密度和温度，通过计算求其在标准温度下容积的方法。一般取水为测量介质，因它价廉且不污染环境。

测定时，取一只容量大于被检玻璃量器的洁净有盖称量杯，称得空杯质量。然后将被检玻璃量器内的纯水放入称量杯后，称得纯水质量 M。调整被检玻璃量器液面的同时，应观察测量温筒内的水温，读数应准确到0.1℃。考虑空气浮力等因素对称量结果的影响，可推导出下列公式：

$$V_{水} = M \frac{(\rho_{砝} - \rho_{气})}{\rho_{砝}(\rho_{水} - \rho_{气})}$$

修正到20℃时的容积有：

$$V_{20} = V_{水}[1 + \beta(20-t)] = \frac{M(\rho_{砝} - \rho_{气})[1 + \beta(20-t)]}{\rho_{砝}(\rho_{水} - \rho_{气})}$$

式中　$\rho_{砝}$——标准砝码的材料密度（不锈钢材料密度为 7.85g/cm³）；

$\rho_{气}$——测定时天平室内的空气密度（通常取平均密度 0.0012g/cm³）；

$\rho_{水}$——水在 t℃时的密度；

β——被检量器的体膨胀系数；

M——被检量器容纳水的表观质量；

t——水温。

若令
$$K(t)=\frac{(\rho_{砝}-\rho_{气})[1+\beta(20-t)]}{\rho_{砝}(\rho_{水}-\rho_{气})}$$
则
$$V_{20}=MK(t)$$

$K(t)$ 是与水温、空气密度、砝码密度、纯水密度有关的常数，可查 $K(t)$ 值表。上述公式即是衡量法检定量器容积的基本公式，在日常工作中应用较多。

2. 检定步骤

外观、密合性和流出时间的检定步骤参见规程，这里主要介绍容量示值的检定。

（1）量器的清洗。量器在使用或检定之前的清洗是十分重要的。如果清洗不干净，那么，无论对于量入式还是量出式量器来讲，其中作为定位的弯月面都会变成畸形，给容量计量带来误差。

为了对量器进行有效的清洗，这里介绍一种令人满意的清洗方法：

① 首先用机械的方法，除去量器上明显的松散污染物，如用刷子刷洗等。再用适当的溶剂去除量器上的油质物，即将量器注满无皂洗涤剂的水溶液，并用力摇晃，然后用蒸馏水冲洗数遍，直至全部洗涤剂痕迹除去为止。

② 若经上述处理之后，量器内壁仍不够清洁，则在量器内充以等量的重铬酸钾与浓硫酸饱和溶液的混合剂，这样处理可能需要数小时。

接着将量器用蒸馏水冲洗数遍，直至量器内弯月面正常并使水附着在玻璃表面上形成一层连续的薄膜为止。如果还不能达到满意结果，则需重复上述过程。

（2）量器的干燥。量出式量器，洗净后不必干燥；但对量入式量器，检定前必须予以干燥。此时，可将量入式量器内充以一定量的无水酒精荡涤数次，然后倒置于木架上，待完全干燥后，方可使用。

（3）注水与称重。第一次称重是称量空量器，然后将水注入量器的被检刻度线位置，再进行第二次满载量器的称重，两次称重结果之差，即是量器中水的表观质量（未经空气浮力修正的质量）。

（4）测温。用分度值精确到 ±0.1℃ 的温度计测量水温，该温度计可置于供水管内或插入称重后的注水量器中，同时从水密度表中查出水温相应的水密度值。

3. 计算

$$V_{20}=MK(t)$$

$K(t)$ 是与水温、空气密度、砝码密度、纯水密度有关的常数，可查 $K(t)$ 值表。

将上述测定值和砝码、空气密度值等代入式 $K(t)=\dfrac{(\rho_{砝}-\rho_{气})[1+\beta(20-t)]}{\rho_{砝}(\rho_{水}-\rho_{气})}$ 和

式 $V_{20}=MK(t)$ 即可求得被检量器在标准温度 20℃ 时的容积值，或者查 $K(t)$ 值表（表 10-3-2、表 10-3-3），用式 $V_{20}=MK(t)$ 进行计算。不锈钢砝码材料密度为 7.85g/cm³。空气密度值在实验室气温为 (20 ± 2.5)℃（必要条件），若气压在 93000～96000Pa，其值取 0.0011g/cm³；若气压在 97000～104000Pa，其值取 0.0012g/cm³。

表 10-3-2 常用玻璃量器衡量法 $K(t)$ 值表

表 A （钠钙玻璃体膨胀系数 25×10^{-6}℃$^{-1}$，空气密度 0.0012g/cm³）

水温 t/℃	0.0	0.1	0.2	0.3	0.4	0.5	0.6	0.7	0.8	0.9
15	1.00208	1.00209	1.00210	1.00211	1.00213	1.00214	1.00215	1.00217	1.00218	1.00219
16	1.00221	1.00222	1.00223	1.00225	1.00226	1.00228	1.00229	1.00230	1.00232	1.00233
17	1.00235	1.00236	1.00238	1.00239	1.00241	1.00242	1.00244	1.00246	1.00247	1.00249
18	1.00251	1.00252	1.00254	1.00255	1.00257	1.00258	1.00260	1.00262	1.00263	1.00265
19	1.00267	1.00268	1.00270	1.00272	1.00274	1.00276	1.00277	1.00279	1.00281	1.00283
20	1.00285	1.00287	1.00289	1.00291	1.00292	1.00294	1.00296	1.00298	1.00300	1.00302
21	1.00304	1.00306	1.00308	1.00310	1.00312	1.00314	1.00315	1.00317	1.00319	1.00321
22	1.00323	1.00325	1.00327	1.00329	1.00331	1.00333	1.00335	1.00337	1.00339	1.00341
23	1.00344	1.00346	1.00348	1.00350	1.00352	1.00354	1.00356	1.00359	1.00361	1.00363
24	1.00366	1.00368	1.00370	1.00372	1.00374	1.00376	1.00379	1.00381	1.00383	1.00386
25	1.00389	1.00391	1.00393	1.00395	1.00397	1.00400	1.00402	1.00404	1.00407	1.00409

表 10-3-3 常用玻璃量器衡量法 $K(t)$ 值表

表 B （硼硅玻璃体膨胀系数 10×10^{-6}℃$^{-1}$，空气密度 0.0012g/cm³）

水温 t/℃	0.0	0.1	0.2	0.3	0.4	0.5	0.6	0.7	0.8	0.9
15	1.00200	1.00201	1.00203	1.00204	1.00206	1.00207	1.00209	1.00210	1.00212	1.00213
16	1.00215	1.00216	1.00218	1.00219	1.00221	1.00222	1.00224	1.00225	1.00227	1.00229
17	1.00230	1.00232	1.00234	1.00235	1.00237	1.00239	1.00240	1.00242	1.00244	1.00246
18	1.00247	1.00249	1.00251	1.00253	1.00254	1.00256	1.00258	1.00260	1.00262	1.00264
19	1.00266	1.00267	1.00269	1.00271	1.00273	1.00275	1.00277	1.00279	1.00281	1.00283
20	1.00285	1.00286	1.00288	1.00290	1.00292	1.00294	1.00296	1.00298	1.00300	1.00303
21	1.00305	1.00307	1.00309	1.00311	1.00313	1.00315	1.00317	1.00319	1.00322	1.00324
22	1.00327	1.00329	1.00331	1.00333	1.00335	1.00337	1.00339	1.00341	1.00343	1.00346
23	1.00349	1.00351	1.00353	1.00355	1.00357	1.00359	1.00362	1.00364	1.00366	1.00369
24	1.00372	1.00374	1.00376	1.00378	1.00381	1.00383	1.00386	1.00388	1.00391	1.00394
25	1.00397	1.00399	1.00401	1.00403	1.00405	1.00408	1.00410	1.00413	1.00416	1.00419

例 10-3-1 采用衡量法测定 50mL 滴定管(钠钙玻璃)的实际容量，使用的蒸馏水温度为 15.0℃，称量杯空杯的质量为 10.0001g，盛装标准量器排出的纯水后的质量为 59.9981g，50mL 滴定管的实际容量为多少(表 10-3-4)？

解：$t = 15.0℃$，查 $K(t)$ 值表，$K(t) = 1.00208$，

$$M = 59.9981 - 10.0001 = 49.9980g$$

$$V_{20} = MK(t) = 49.9980 \times 1.00208 = 50.1020mL$$

所以 50mL 滴定管(钠钙玻璃)的实际容量为 50.102mL。

显然，其器差为 50.102-50mL = 0.102mL，超过指标。

表 10-3-4　滴定管计量要求一览表

标称容量/mL		1	2	5	10	25	50	100
分度值/mL		0.01		0.02	0.05	0.05	0.1	0.2
容量允差/mL	A	±0.010		±0.010	±0.025	±0.025	±0.04	±0.10
	B	±0.020		±0.020	±0.05	±0.050	±0.08	±0.20
流出时间/s	A	20~35		30~45		45~70	60~90	70~100
	B	15~35		20~45		35~70	50~90	60~100
等待时间/s		30						
≤0.3								
密合性要求		当水注至最高标线时，活塞在关闭情况下停留 20min 后，渗漏量应不大于最小分度值。						

4. 检定注意事项

(1) 检定前应认真检查被检量器，并清洗干净。量出式量器，洗净后不必干燥；量入式量器，检定前必须予以干燥。

(2) 注意液面观察方法。

(3) 注意工作介质温度的测量，并精确到±0.1℃。

四、容量比较法

1. 检定原理

用高一级标准量器，通过检定介质(如蒸馏水)对被检量器进行直接比较，经过温度修正求其在标准温度下容积的方法。

2. 检定步骤

(1) 将标准量器用配置好的洗液进行清洗，然后用水冲洗，使标准量器内无积水现象，液面与器壁能形成正常的弯月面。

(2) 将被检量器和标准量器安装到容量比较法检定装置上。

(3) 排除检定装置内的空气，检查所有活塞是否漏水，调整标准量器的流出时间和零位，使检定装置处于正常工作状态。

（4）将被检量器的容量与标准量器的容量进行比较，观察被检量器的容量示值是否在允差范围内。

（5）对滴定管、分度吸量管除计算各检定点容量误差外，还应计算任意两检定点之间的最大误差值（图 10-3-4、图 10-3-5）。

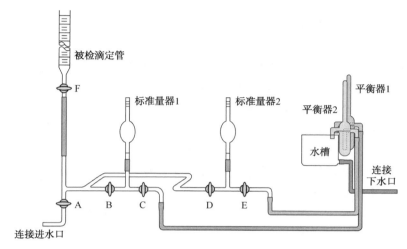

图 10-3-4　滴定管、分度吸量管和单标线吸量管检定装置

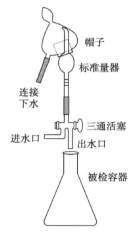

图 10-3-5　容量瓶、量筒和量杯检定装置

3. 检定注意事项

（1）检定前应认真检查被检量器，并清洗干净。

（2）检查检定装置的活塞及油脂涂抹情况，确保其正常工作，无渗漏。

（3）注意液面观察方法。

1. 解释下列名词：①量入式量器；②量出式量器；③残留量；④留出时间；⑤等待时间。

2. 试述衡量法容量计量的基本原理。

3. 何谓容量比较法？

4. 标准容量为 5mL 的滴定管，其 5mL 容量内的纯水质量为 4.898g，水温为 18.0℃，空气密度为 1.20kg/m³，求量器在标准温度 20℃ 下的实际容量 V_{20}。

5. 试述立式金属油罐容量计量原理。

6. 立式金属油罐容量在检定时，基本直径为什么要选在第一圈板外高的 3/4 位置？

7. 立式金属油罐的径向偏差为什么需要多点测量？

8. 何谓立式金属油罐静压力效应修正值？

9. 何谓立式金属油罐的底量？它通常有哪两种计量方法？

附录 强制检定计量器具

序号	检定项目
1	量油尺
2	套管尺
3	砝码
4	石油密度计
5	立式金属油罐（计量交接用）
6	容积式流量计
7	速度式流量计
8	质量流量计
9	卧式金属油罐（计量交接用）
10	计量加油机
11	石油产品用玻璃液体温度计
12	电子分析天平
13	机械秒表
14	数字式石英秒表
15	工作毛细管黏度计
16	铂电阻温度计
17	机械分析天平
18	常用玻璃量器

参 考 文 献

1. GB/T 8170—2008《数值修约规则与极限数值的表示和判定》
2. JJF 1001—2011《通用计量术语及定义》
3. JJF 1004—2004《流量计量名词术语及定义》
4. JJG 1036—2022《电子天平》
5. JJG 443—2015《燃油加油机》
6. JJG 4—2015《钢卷尺》
7. JJG 130—2011《工作用玻璃液体温度计》
8. JJG 196—2006《常用玻璃量器》
9. JJG 168—2018《立式金属罐容量》
10. JJG 42—2011《工作玻璃浮计》
11. JJG 155—2016《工作毛细管黏度计》
12. JJG 98—2019《机械天平》
13. JJG 99—2022《砝码》
14. JJG 667—2010《液体容积式流量计》
15. JJG 237—2010《秒表》
16. JJG 376—2007《电导率仪》
17. JJG 229—2010《工业铜、铂热电阻》